GOUVERNEMENT GÉNÉRAL DE L'ALGÉRIE

BULLETIN DU SERVICE

DE LA

CARTE GÉOLOGIQUE DE L'ALGÉRIE

2ᵉ SÉRIE

STRATIGRAPHIE — DESCRIPTIONS RÉGIONALES

N° 3

LE DJEBEL AMOUR

ET LES

MONTS DES OULAD-NAYL

PAR

ÉTIENNE RITTER

DOCTEUR ÈS SCIENCES

COLLABORATEUR AUX SERVICES DE LA CARTE GÉOLOGIQUE DE LA FRANCE ET DE L'ALGÉRIE

Avec 10 Figures dans le texte et 4 Planches

ALGER

TYPOGRAPHIE ADOLPHE JOURDAN

IMPRIMEUR-LIBRAIRE-ÉDITEUR

4, PLACE DU GOUVERNEMENT, 4

1902

BULLETIN DU SERVICE

DE LA

CARTE GÉOLOGIQUE DE L'ALGÉRIE

GOUVERNEMENT GÉNÉRAL DE L'ALGÉRIÉ

BULLETIN DU SERVICE

DE LA

CARTE GÉOLOGIQUE DE L'ALGÉRIE

2ᵉ SÉRIE

STRATIGRAPHIE — DESCRIPTIONS RÉGIONALES

Nᵒ 3

LE DJEBEL AMOUR

ET LES

MONTS DES OULAD-NAYL

PAR

ÉTIENNE RITTER
DOCTEUR ÈS SCIENCES
COLLABORATEUR AUX SERVICES DE LA CARTE GÉOLOGIQUE DE LA FRANCE ET DE L'ALGÉRIE

Avec 10 Figures dans le texte et 4 Planches

ALGER
TYPOGRAPHIE ADOLPHE JOURDAN
IMPRIMEUR-LIBRAIRE-ÉDITEUR
4, PLACE DU GOUVERNEMENT, 4
1901

LE DJEBEL AMOUR

ET LES

MONTS DES OULAD-NAYL

PAR

ÉTIENNE RITTER

INTRODUCTION

L'Algérie est un pays montagneux ; c'est un pays qui a été plissé. Ce plissement est resté rudimentaire sur une grande surface ; il a donné naissance a de nombreux bassins fermés, et, par suite, à une hydrographie et à une topographie souvent indécises.

Ce double caractère de la géographie algérienne s'observe surtout dans les régions du Sud, où de vastes plaines, que séparent de longues crêtes aiguës et bien alignées, forment au nord du désert l'Atlas Saharien.

J'ai étudié l'Atlas Saharien dans la partie médiane de la chaîne, qu'on peut appeler le Sud Algérien, par opposition avec le Sud Oranais et le Sud Constantinois. Géographiquement, le Djebel Amour se trouve dans la zone d'Alger, quoique administrativement l'annexe d'Aflou dépende d'Oran.

Mais la topographie ne doit pas son cachet rudimentaire qu'à l'état peu accentué du plissement. Le manque de pluies y contribue plus encore. Otez, en effet, quelques centimètres de pluie annuelle à une contrée fertile, et vous aurez une steppe. Encore quelques centimètres de moins, et ce sera le désert.

Coteaux merveilleusement fertiles des bords de la Méditerranée, steppes des Hauts-Plateaux, désert du Sahara, le voyageur qui va d'Alger au sud de Laghouat parcourt ces trois régions naturelles.

C'est à la limite des deux dernières qu'il traverse la contrée que j'ai étudiée. Il est alors dans un pays très simple et très beau, qui ne charme point, mais qui impressionne. Un grand pays de collines allongées, expirant dans un pays plus vaste encore, nu et inondé de lumière, avec un ciel toujours semblable, un silence morne et des horizons immobiles qui fuient à l'infini...

L'aridité du sol a cantonné autour des rares sources pérennes les indigènes, peu nombreux, qui ne sont pas nomades. Ils habitent alors dans des ksours. Ces ksours sont à la fois des villages fortifiés et des oasis. On les aperçoit de très loin, dans la plaine vide, avec leurs maisons blanches, aux toits plats, serrées autour de la mosquée, plus blanche encore, et enchâssée comme un joyau dans une ceinture de palmiers et de jardins verts.

Au dernier plan, quelque montagne décharnée s'avance, dans l'horizon plat, comme un éperon de navire et seule rend sensible l'étendue immense de la steppe silencieuse.

Mes recherches, effectuées sous la Direction du Service Géologique, ont porté sur les deux cercles de Djelfa et de Laghouat, dans la province d'Alger ; et sur l'annexe d'Aflou, dans la province d'Oran. Elles ont occupé deux campagnes de courses, faites à cheval la plupart du temps. Ma tente et mon matériel de campement me suivaient à dos de chameau. Mes courses ont eu lieu du mois de mars à celui de juin 1897, et durant les mêmes mois de l'année suivante, 1898.

Le pays avait d'ailleurs été déjà parcouru par des géologues : Ville, Marès, Pomel, Le Mesle, MM. Péron et Pierredon.

En 1865, Marès, dans une note à l'Académie des Sciences, indiquait l'allure orotectonique de l'Atlas Saharien et la grande extension des terrains crétacés. En 1872, Ville publiait son grand ouvrage sur l'*Exploration géologique du Beni-Mzab, du Sahara et de la région des Steppes de la province d'Alger*. Il y décrit, d'une manière détaillée, le pointement gypso-salin du Rocher-de-Sel.

Il montre aussi la grande extension des terrains crétacés et des dépôts d'atterrissement, que, d'ailleurs, il ne cherche pas à subdiviser. C'est en 1883 que M. Péron publie son livre sur la géologie de l'Algérie. Son ouvrage comprend une série de coupes de détail, dont un certain nombre ont été relevées dans la région qui fait l'objet de ce travail. Enfin, pour l'établissement de la carte générale de l'Algérie, publiée à l'occasion de l'Exposition de 1889, à l'échelle de 1/800.000e, M. Pierredon a dressé une minute, à l'échelle du 1/400.000e, qui nous a donné quelques indications utiles. Le texte explicatif joint à la carte au 1/800.000e, dû à la plume de M. Pomel, donne une vue d'ensemble sur chacun des étages pour tout le territoire de l'Algérie. Il contient, en outre, des renseignements précis sur quelques-unes des localités dont j'ai eu à m'occuper.

Enfin, en terminant, j'ai à signaler les renseignements inédits que m'a communiqués M. Ficheur, que je tiens à remercier tout particulièrement ici pour l'intérêt qu'il a bien voulu prendre à mon travail.

J'exprime ma vive reconnaissance à MM. Pomel et Pouyanne, Directeurs du Service de la Carte Géologique de l'Algérie, pour la bienveillance qu'ils m'ont témoignée en me confiant cette étude.

APERÇU GÉOGRAPHIQUE

Les deux zones montagneuses de l'Algérie : l'Atlas Tellien, sur le rivage de la Méditerranée, et l'Atlas Saharien, à la bordure du désert, sont séparées par un plateau désertique. Celui-ci, très large dans la province d'Oran, diminue de largeur vers l'est et cesse d'exister au delà du Chott Hodna. Je ne dirai rien de la chaîne côtière.

La chaîne de l'Atlas Saharien prend naissance dans le Maroc ; dans le sud de la province d'Oran, elle forme un massif important : celui des Ksours, à l'est duquel elle subit une sorte d'abaissement transversal ; des deux côtés du vaste col ainsi formé, s'écoulent deux fleuves : au nord, l'Oued El-Anouel, affluent oriental du Chott Chergui, et au sud, l'Oued Zergoun. Après cette dépression, la chaîne se relève dans les montagnes du Djebel Amour.

Le Djebel Amour est un nœud orographique de premier ordre, et les montagnes mal alignées des Oulad-Nayl forment sa continuation vers l'est. A leur extrémité orientale, les chaînons des Oulad-Nayl subissent aussi un abaissement général, à la limite des provinces d'Alger et de Constantine, au passage des vallées transversales de l'Oued Chaïr et de l'Oued Sadouri. Au delà, la chaîne se relève encore une fois et forme l'important massif de l'Aurès. Mais ce dernier n'est qu'en partie la continuation des chaînons plus occidentaux, et c'est au nord de l'Aurès, dans les chaînes du Dj. Touggourt et du Dj. Bou-Thaleb, qu'on doit rechercher la prolongation des plis qui forment les montagnes des Oulad-Nayl.

L'aspect général de la chaîne de l'Atlas Saharien, dans le Djebel Amour et surtout dans les chaînons des Oulad-Nayl, est celui de vastes steppes, planes, à peine inclinées dans le sens général de l'écoulement des eaux, et qui sont séparées par de longues collines, aiguës et bien alignées. C'est un vaste plan, ou mieux une série de plans disposés en gradins larges et bas, dont l'altitude moyenne est comprise entre 800 et 1.200 mètres. Ces gradins sont séparés par des rides montagneuses régulières, rarement parallèles et dirigées, d'une manière générale, du sud-ouest au nord-est.

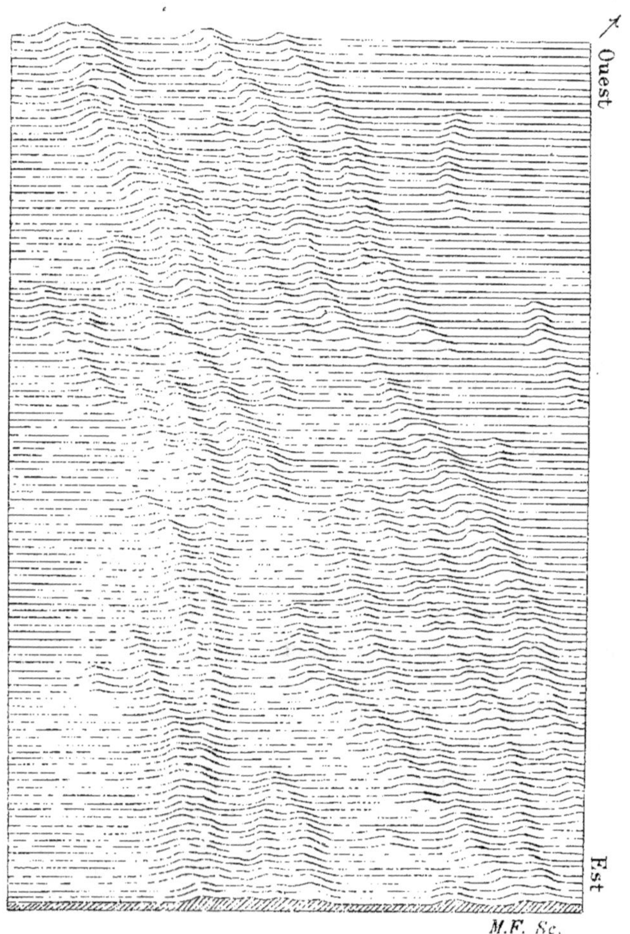

Fig. 1. — *Relief des montagnes du Sud Algérien ; Échelle : 1/1,800,000°*

Les crêtes qui forment ces chaînes s'élèvent de 150 à 400 mètres au-dessus des plaines environnantes, et atteignent leur maximum d'altitude et d'enchevêtrement près d'Aflou, dans le Djebel Amour.

Dans ce pays plissé, le plissement est resté à l'état d'ébauche. Une hydrographie indécise a été la conséquence naturelle de cette orographie rudimentaire. Aussi les fleuves suivent-ils vaguement une ligne de pente insensible à l'œil, au milieu de la steppe étendue ; ils s'épandent souvent dans des bassins fermés. Ce n'est que dans la partie la plus supérieure de leur cours, ou à la traversée de quelque cluse, qu'on les voit suivre le thalweg d'une vallée bien marquée. Tous ces cours d'eau, nommés oueds, sont à sec la plupart du temps ; plusieurs, cependant, continuant à filtrer lentement sous le sable du fond de leur lit superficiel, réapparaissent de loin en loin, en une source où se mirent de frais et verdoyants bosquets de lauriers-roses.

Vienne une pluie, et le lit de l'oued — collecteur d'un bassin toujours étendu — s'emplit jusqu'aux bords en un temps très court, et l'eau s'écoule en un seul flot dévastateur. L'érosion est très intense, malgré la faible hauteur de chute de pluie annuelle. Cela tient à deux causes. En premier lieu, l'érosion éolienne, par les brusques écarts de température entre le jour et la nuit, a mis sur le sol une foule de débris meubles, prêts à être enlevés ; ensuite, l'eau tombant en grande quantité pendant un temps très court acquiert, par sa masse, une puissance irrésistible ; son action n'a aucune comparaison avec celle d'une même chute d'eau tombant régulièrement, un peu chaque jour, pendant des semaines. Le Sud Algérien est une contrée où l'érosion torrentielle est particulièrement puissante, grâce à des paroxysmes dont l'ampleur remplace avantageusement la fréquence.

Deux des plus importants cours d'eau de l'Algérie ont leurs sources dans le Djebel Amour. Le premier est le Chélif, qui a ses sources à l'Aïn Breda et à l'Aïn Sebgague, à l'ouest d'Aflou ; il se jette dans la Méditerranée, près de Mostaganem. Le second est l'Oued Djeddi, qui naît sur le versant méridional de l'Atlas, au sud d'Aflou ; après avoir longé le pied de l'Atlas, il se perd dans le Chott Melrhir, au sud de Biskra. Il reçoit comme affluents tous les cours d'eau de la région que je décris, qui s'écoulent vers le sud. Les oueds qui ont leur écoulement vers le nord ne sont pas des affluents de l'Oued Chélif ; ce dernier est situé trop à l'est et se dirige droit au nord. Ces divers torrents, comme par exemple l'Oued Melah, qui passe à Djelfa, et bien d'autres, vont se perdre dans les trois bassins fermés du Zahrez Rharbi ou Zahrez occidental, et du Zahrez oriental ou Zahrez Chergui, enfin dans le Chott Hodna.

La limite de partage des eaux n'est nullement indiquée par les crêtes montagneuses ; très souvent, elle erre à travers les ondoiements insensibles de la steppe. Il ne faudrait pourtant pas croire pour cela que les chaînes de montagnes n'ont pas une très réelle importance, relativement aux dépressions qui les séparent. Dans la très grande majorité des cas, elles sont nues et se détachent de la plaine d'alfa, qu'elles dominent de quelques cents mètres.

En quelques parties, dans la chaîne des Sahari, dans la contrée qui s'étend entre Djelfa et Zenina, ainsi que sur le versant nord du Dj. Gourou et dans les Gadas du Djebel Amour, l'on trouve une zone forestière où les pins d'Alep se montrent particulièrement vivaces. On peut dire que les deux plus importantes lignes orographiques forment les deux bourrelets qui limitent la chaîne au nord, en face des dépressions des Zahrez, et au sud, en face du Sahara. Ceci est d'ailleurs conforme à la loi de Dana, qui veut que dans une chaîne la ride la plus élevée soit suivie par la plus forte dépression. Dans les monts du Djebel Amour, qui forment un nœud orographique plus saillant que l'ensemble des chaînes des Oulad-Nayl, le bourrelet septentrional est constitué vers l'ouest par une suite de sommets turoniens, qui ont des formes de forteresses bastionnées, avec des pans de murs abrupts. Ce sont : le Dj. Guern-Arif (1.721 m.) ; le Dj. Oum-el-Guedour (1.574 m.) ; le Dj. Sidi-Okba (1.707 m.). Comme ride orographique, cette chaîne synclinale est remplacée vers l'est par un anticlinal, où les calcaires et les grès du néocomien et les calcaires rugueux du jurassique forment des sommets plus arrondis, qui se succèdent en longues croupes monotones. Les plus saillants sont le Dj. El-Gouna (1.474 m.) et le Kef Sidi-Bou-Zid (1.503 m.). Entre cette chaîne et celle du sud, il n'existe que peu de sommets importants, à part le Dj.

— 13 —

Gourou (1.706 m.). A peine peut-on citer le Dj. Zlag (1.583 m.),
qui sépare la plaine d'Aflou du plateau des Gadas. La chaîne du
sud n'est pas aussi haute que la ride septentrioale, qui s'étend
du Dj. Guern-Arif au Dj. Sidi-Bou-Zid. Mais elle paraît plus
élevée à l'œil, parce qu'elle se dresse sans contre-fort et d'un
seul jet au-dessus d'une immense plaine. Elle est formée par
une suite de sommets très découpés, qui s'élèvent de 1.500 à
1.600 mètres ; la plaine d'Aïn-Mahdi est à une altitude un peu
inférieure à 1.000 mètres.

Dans les chaînes des Oulad-Nayl, la ride septentrionale n'est
pas une ligne aussi bien marquée que dans le Djebel Amour.
Mais on trouve, au nord de Djelfa, une contrée exceptionnelle-
ment montagneuse, toute coupée de sommets et de vallées, et
presque sans plaines intermédiaires. Quelques sommets y sont
élevés : Mehassen-Guelfa (1.614 m.) ; Dj. Ougtaïa (1.512 m.) ;
Dj. Haouas (1.491 m.). Plus à l'est, la chaîne des Sahari forme
une ligne orographique plus régulière ; elle s'élève jusqu'à
1.492 m. et borde au sud le Zahrez Chergui.

La ligne du sud des monts des Oulad-Nayl n'est pas très
haute, et l'on trouve entre elle et le bourrelet nord deux chaînes
plus importantes.

L'une est la chaîne du Djebel Lazereg, qui a deux sommets, à
1.481 m. et 1.491 m., distants d'une quinzaine de kilomètres ;
l'autre, moins élevée, est celle du Djebel Merguet, 1.048 m., au
Djebel Zaccar, 1.211 m. Ces deux grandes chaînes ont une
direction oblique sur la ride méridionale ; cette dernière s'étend
de Laghouat à Messad, en dominant de 200 mètres à peine la
plaine environnante, et ne dépasse pas 1.081 m. d'altitude.
Plus à l'est, par contre, l'on retrouve la superbe forteresse du
Bou-Khaïl, dont les sommets atteignent 1.328 m. et 1.425 m.
Les postes militaires sont naturellement peu nombreux et assez
éloignés les uns des autres. Dans le Sud Oranais, celui d'Aflou
est une annexe du cercle de Tiaret. Le poste d'Aflou commande
une contrée très montagneuse, où se trouvent quelques ksours,
villages pauvres et mal fortifiés. Dans la province d'Alger,
Djelfa est un centre européen où se fait le commerce du blé, de
la laine et des moutons. C'est le chef-lieu d'un cercle important ; ses ksours sont plus riches. Situé au sud de la grande
plaine nue des Zahrez, le cercle militaire de Djelfa borne d'un

côté l'annexe d'Aflou, de l'autre il est limité par le cercle de Bousaâda. Au sud de Djelfa, la ville de Laghouat, au cœur d'une oasis de 60.000 palmiers, est le centre le plus important du Sud Algérien. Une route carrossable mène de Berrouaghia, point terminus du chemin de fer, à Laghouat, en passant par Djelfa. Du cercle de Laghouat, dépendent plusieurs ksours assez importants : El-Assafia, Ksar-el-Hirane, Tadjmount, Aïn-Mahdi.

Tout le pays dont je viens de donner quelques notions géographiques sommaires est parcouru par des nomades, dont les migrations régulières et très étendues s'effectuent du sud au nord au printemps, et du nord au sud en automne, en suivant des bandes de terrain très étroites dans le sens est-ouest. Chaque tribu a d'ailleurs un territoire de parcours bien délimité, qui lui appartient, où les tribus voisines n'ont pas le droit de pâturer et dont elle n'a pas l'autorisation de s'écarter.

Les douars de tentes varient de grandeur. Toujours placées à l'abri du vent dans quèlque repli de terrain, les tentes jettent leur note pittoresque et imprévue au milieu de la steppe aride.

PREMIÈRE PARTIE

STRATIGRAPHIE

L'extension des anciennes mers et l'étude des faunes qui y
vécurent, montrent le lien géologique qui unit le nord de
l'Afrique à la région méditerranéenne. Durant les périodes
jurassique et crétacée, la mer Méditerranée couvrait en majeure
partie le Maroc, l'Algérie et la Tunisie ; elle s'étendait ainsi
jusqu'à l'Atlas Saharien, au sud. Il existe une corrélation
remarquable entre l'emplacement de la plus méridionale des
chaînes alpines, l'Atlas Saharien et la ligne du rivage méridional de la Méditerranée, durant l'ère secondaire ; rivage qui
paraît avoir peu varié, jusqu'au moment de la transgression
cénomanienne.

Les grands géosynclinaux de la mer avaient probablement
une direction nord-est, à peu près parallèle à celle des deux
grands ridements de l'Atlas Saharien, au sud, et de l'Atlas
littoral ou Tellien, au nord. Peu profonds au sud, ces géosynclinaux devaient augmenter de profondeur vers le nord. En
effet, chacun des étages du jurassique, et surtout du crétacé,
présente deux sortes de facies ; un facies littoral ou de mer peu
profonde, qui régit les chaînes du Sud, et un autre bien distinct
qui caractérise les montagnes du Tell, dans lesquelles les facies
vaseux à céphalopodes et les dépôts abyssaux sont la règle.

Entre les deux chaînes, littorale et saharienne, s'étend un
vaste plateau où n'affleurent que des dépôts d'alluvions. Lorsque
l'on s'avance vers l'est, du côté de Constantine, le plateau

diminue de plus en plus de largeur, et les deux chaînes se rejoignent. En même temps, on observe, dans le sens de la direction de la chaîne, un passage latéral et une pénétration irrégulière entre le facies côtier propre aux formations du Sud, et le facies habituellement vaseux qui caractérise les mêmes horizons dans le nord de l'Algérie. Dans les steppes que j'ai étudiées, il n'existe pas de dépôt antérieur au jurassique, excepté peut-être quelques pointements étranges de sel et de gypse. Les dépôts du jurassique sont restreints et n'apparaissent qu'au cœur de rares anticlinaux ; on n'y a trouvé que des fossiles du jurassique supérieur. Au contraire, le crétacé est très bien représenté par une série de couches alternativement marno-calcaires ou gréseuses. L'éocène existe à peine, en un seul gisement. L'oligocène et les étages plus récents sont représentés par des terrains d'atterrissements.

En Algérie, la séparation du Jurassique et du Crétacé a été très bien faite par Coquand (1) et Brossard (2) pour la province de Constantine, et par Pomel (3) pour les provinces d'Alger et d'Oran. Mais c'est surtout à M. Péron (4) que nous devons la connaissance approfondie de ces étages, dans les chaînes du Sud, et l'étude de leurs faunes.

----

(1) Coquand. *Géologie et paléontologie de la région du sud de la province de Constantine.* 1 vol. 1 atlas 1862.

(2) Brossard. *Géologie des régions méridionales de la subdivision de Sétif.* Mém. Soc. géol. de France, 1866.

(3) Pomel. *Explication de la 2ᵉ édition de la carte géologique de l'Algérie.* Mém. Serv. Carte géol. de l'Algérie, 1890.

(4) Péron. *Essai d'une description géologique de l'Algérie.* (Ann. de géologie, 1883.)

CHAPITRE PREMIER

Les roches éruptives et les pointements de sel gemme et de gypse

La chaîne de l'Atlas Saharien doit son origine à un plissement de faible intensité ; aussi, peu de roches volcaniques sont-elles parvenues au jour. On ne connaît pas de massif éruptif de profondeur, ni de coulée d'épanchement. Les seules roches éruptives que l'on rencontre sont des ophites, qui pointent en quelques endroits sous forme de dykes filoniens, et presque jamais au cœur des anticlinaux ; les dykes sont toujours — ou presque toujours — situés sur le flanc d'un de ces plis. En outre, l'on rencontre des pointements bizarres de gypse et de sel gemme ; tantôt ces derniers sont en connexion étroite avec un affleurement de roches éruptives ; tantôt ils apparaissent seuls au jour ; les uns sont placés sur le passage d'un axe anticlinal ; d'autres, au contraire, affleurent dans une position excentrique. Pour plus de simplicité, je vais traiter cette étude en deux paragraphes : les pointements ophitiques sans sel ni gypse, d'une part, et, d'autre part, les pointements de sel et de gypse, qu'ils soient ou non accompagnés par une venue de roches éruptives.

§ 1er. — LES DYKES FILONIENS D'OPHITE

Les dykes filoniens sont groupés en deux foyers : l'un, près d'Aïn-Fourène, sur la route d'Aflou à El-Richa ; l'autre, près du Djebel Gourou, sur la route d'Aflou à Sidi-Bouzid.

Près d'Aïn-Fourène, on voit, en deux ou trois points peu étendus, sur les berges d'un ou deux ravins, des filons épais

d'un à deux mètres d'une roche éruptive verte, à grain fin,
assez décomposée, et qui a légèrement modifié à son contact
immédiat les calcaires urgo-aptiens qu'elle a traversés. Les
calcaires ont été durcis au contact, parfois colorés en rose ou
en jaune plus foncé, et se sont chargés de grains de quartz et
d'un peu de fer. Le métamorphisme de contact est d'ailleurs
faible. Les filons ne se poursuivent pas en longueur et ne font
pas saillie ; ils ont été mis au jour par le creusement des ravins.
Examinée au microscope, la roche, très altérée et riche en
zéolithes, a montré deux temps de consolidation mal séparés :
de l'amphibole en grande partie transformée en chlorite, des
feldspaths qui paraissent être du labrador, de la zoïzite et
beaucoup d'hématite.

Les différents pointements du foyer éruptif du Dj. Gourou
sont plus nombreux et également localisés dans les fonds ou
sur les bords de ravins souvent encaissés. Mais ici, à part un
ou deux gisements dans les calcaires urgoniens, la plupart des
autres ont percé les couches des grès albiens, sans leur faire
subir de métamorphisme appréciable. La roche est tantôt à
grain fin, couleur vert-de-gris, tantôt à grain plus gros, brune
et mouchetée de points verts.

Examinées au microscope, les roches de ce gisement sont de
deux types. L'un est représenté par une roche à grands feldspaths, en partie arboritisés, appartenant aux variétés de
l'andésine et du labrador.

Ces feldspaths sont enchevêtrés au milieu d'un fouillis de
cristaux, plus ou moins transformés, d'amphibole chloritisée,
de zoïzite, de calcite, d'hématite, de leucoxène et de produits
serpentineux.

Le second type est formé par des feldspaths de beaucoup plus
petite taille et bien moins allongés, dispersés dans une masse
formée de magnétite, d'hématite et d'amphibole presque partout
transformée en chlorite ; la calcite et la zoïzite manquent
presque totalement ; par contre, de grandes vacuoles sont
remplies par des zéolithes, parfois groupées en sphérolithes
(probablement de la heulandite et de l'harmotome) ; souvent,
au cœur d'une vacuole, l'on a un noyau de concentration de
calcite et d'hématite. Ces deux types de roches ne montrent
qu'un seul temps de consolidation.

§ 2. — Les pointements de sel et de gypse

Ceux-ci sont au nombre de cinq dans la région que j'ai parcourue, et la plupart d'entre eux ont déjà été étudiés, ou au moins signalés. Ce sont :

Le Rocher-de-Sel, au nord de Djelfa ;

Le pointement des Ruines, également au nord de Djelfa et plus rapproché de cette ville que le précédent ;

Le pointement de Guelib-el-Tir, près de Zénina ;

Le pointement de l'Oued Mzi, sur le bord de la route directe de Laghouat à Aflou ;

Le gisement de Sidi-Rhal, dit aussi du Dj. Onkal, sur la route d'Aflou à El-Richa.

De ces cinq pointements, celui du Rocher-de-Sel et celui de l'Oued Mzi sont les deux dans lesquels le gypse ne soit pas accompagné par une roche ophitique éruptive. Nous allons donner quelques détails sur chacun de ces gisements.

Le *Rocher-de-Sel* a fait l'objet de travaux de la part de Ville (1) et de M. Philippe Thomas (2). Ce gisement est bien connu. Au centre, l'on trouve un massif raviné et tourmenté, formé principalement par un pointement de sel, qui, très pur vers l'ouest, est beaucoup plus chargé de gypse et d'argiles vers l'est. Par places, on y trouve des blocs de calcaire trop altérés pour qu'on puisse leur assigner un âge, d'après leur nature lithologique seule, et je n'y ai pas trouvé de fossile. Les couches sédimentaires qui entourent ce pointement ont un plongement périclinal, comme autour d'un dôme ; ce plongement est plus fort pour les couches situées à l'est et au sud-est, que pour celles qui affleurent au nord et à l'ouest.

Vers l'ouest, c'est-à-dire en venant de l'auberge du Rocher-de-Sel, l'on trouve des conglomérats redressés, et déjà signalés par Ville et par M. Ph. Thomas, et auxquels ces auteurs attri-

(1) Ville. *Géologie du Sahara, du Beni-Mzab et des steppes de la province d'Alger.* Imp. Nat., 1872, p. 246 et suiv.

(2) Philippe Thomas. *Roches ophitiques de la Tunisie.* (Bull. Soc. géol. de France, 3ᵉ série, t. 19, p. 430, 1891.)

buent un âge pliocène ; ce sont des grès et des poudingues à ciment friable, de couleur rougeâtre, soit quartzeux, soit marneux ; la plupart de leurs éléments ont dû être pris aux grès albiens. Je ne suis pas d'accord avec Ville et M. Ph. Thomas, au sujet de l'âge de ces conglomérats. Tant par la raison de facies que par celle de continuité avec la longue chaîne plissée qui s'étend jusqu'au delà de Zénina, j'attribue un âge oligocène à ces poudingues. Et, par suite, c'est peut-être au plissement post-oligocène, et non à une intrusion éruptive du massif gypso-salin, qu'il faut attribuer le relèvement de ces couches.

Quand on avance vers le nord, on voit sortir de dessous ces poudingues oligocènes un ensemble foncé de calcaires gris bleuâtre, de marnes schisteuses et de bancs minces et plus quartziteux. Je n'y ai pas trouvé de fossiles ; mais M. Thomas indique qu'on y a trouvé : *Buchiceras Fourneli* Desh., *Belemnites semicanaliculatus* Blain., et *Hemiaster Fourneli* Desh. Mais ces couches marneuses et fossilifères ne sont pas en contact direct avec la masse gypso-saline, et entre les deux l'on trouve des bancs de calcaires décomposés, transformés en cargneules ou plus ou moins noircis par des produits ferrugineux, sans fossiles, dont le facies altéré ne permet plus de reconnaître à quel niveau on doit les rapporter. En continuant d'avancer vers l'est, l'on voit ces couches remplacées par d'autres, très dures ; mais des éboulements et des dépôts récents empêchent de préciser les rapports de superposition qui existent entre ces deux formations. Ces nouvelles couches, très fortement redressées, forment dans la topographie une petite arête assez raide. Elles constituent une sorte de brèche à éléments anguleux, contenant des débris de quartzites verdâtres, plus ou moins cristallins, et des blocs de calcaires dolomitiques souvent gros. L'épaisseur totale des bancs est de quelques mètres. Cette brèche ne ressemble à rien de ce que je connais dans la région, et rappelle comme facies, et comme facies seulement, les brèches nummulitiques de la Maurienne. Les couches s'appuient contre le massif gypso-salin et sont recouvertes, en concordance, par les grès à dragées de l'albien. En continuant à tourner autour du massif, vers le sud, on rencontre des dépôts récents et l'on retrouve ensuite les poudingues oligocènes dont j'ai parlé en commençant. Enfin, il faut remarquer que ce pointement de sel et de gypse se trouve situé sur le passage de l'axe anticlinal qui relie la chaîne anticlinale des Sahari avec celle du Djebel El-Ouacha.

Le *pointement des Ruines*, qui a déjà été indiqué par Ville (1), apparaît sur les deux rives et au fond du ravin de l'Oued Djelfa, en dessous des couches calcaires du turonien ; il est situé ainsi dans une position bizarre, dans le jambage nord du grand anticlinal du Dj. Haouas. C'est un massif gypseux et ophitique où l'ophite, à l'état de galets fragmentés, domine surtout. Les couches du turonien plongent normalement au nord et semblent indifférentes à la présence de la masse de gypse à leur voisinage. Celle-ci est d'ailleurs presque partout en contact avec les alluvions, dans les lits de l'Oued Djelfa et de ses affluents, et affleure surtout au milieu du quaternaire.

Le *gisement de Guelib-el-Tir* a été signalé par MM. Curie et Flamand (2). Je ne l'ai pas visité moi-même.

Le *pointement de l'Oued Mzi* est situé à dix ou douze kilomètres d'Aflou, un peu en amont de l'Aïn El-Djeneb ; c'est un affleurement de gypse et de sel, d'une blancheur éclatante, qui forme les berges, hautes de quelques mètres, entre lesquelles sont encaissés l'Oued Mzi et quelques affluents torrentiels. Le quaternaire occupe la plaine au centre de laquelle est ce gisement, qui n'est malheureusement en contact avec aucun autre étage géologique ; il est toutefois placé sur le passage de l'axe anticlinal qui relie le pli du Djebel Zlag à celui du Chebket Azelarh.

Le *pointement de Sidi-Rhal ou du Djebel Onkal*, marqué sur la carte géologique de l'Algérie, au 1/800.000ᵉ, éditée en 1889. Il affleure également au centre d'une plaine formée par les alluvions quaternaires, et aussi au fond du lit des torrents qui se réunissent dans cette plaine. Il est constitué par un pointement de roches ophitiques vertes, dont les rochers, hauts de trois à quatre mètres, pointent sur quelque dix mètres de long,

(1) VILLE. *Loc. cit.*
(2) CURIE et FLAMAND. *Les roches éruptives de l'Algérie.* 1889, p. 18.

au milieu de gypse et de marnes salifères ; dans ces dernières, on trouve également des blocs ophitiques isolés et empâtés, la plupart du temps anguleux. Comme le pointement de sel et d'ophite n'affleure qu'au fond de ravins, où il est en partie recouvert par le quaternaire, on ne peut pas observer les relations qu'il a avec les autres étages géologiques. Cet affleurement, comme le précédent, peut atteindre au plus quelques cent mètres carrés de surface. Il se trouve légèrement rejeté sur le flanc méridional de l'axe anticlinal du Dj. Chebka au Dj. Zlag, et à un point où cet axe subit un fort abaissement transversal.

Quelle est l'origine de ces pointements de gypse et de sel ? — Pendant longtemps, on a admis pour eux une origine, sinon éruptive, tout au moins métamorphique ; et telle était l'opinion de Ville (1), celle de M. Philippe Thomas (2), de MM. Curie et Flamand (3), pour les pointements du Rocher-de-Sel et de Guelib-el-Tir. Lors de la réunion de la Société géologique de France en Algérie, en 1896, M. Marcel Bertrand a montré l'existence du trias dans la province de Constantine. Puis, MM. Blayac et Gentil (4) dans la région de Souk-Ahras, et M. Gentil dans la région de la Tafna (5), ont montré que beaucoup des affleurements de gypse et de sel étaient de l'époque triasique, ou tout au moins infra-liasique. M. Flamand a retrouvé également le trias gypseux dans le Sud Oranais, dans les chaînes qui prolongent au sud-ouest celles que j'étudie. Aussi l'on est en droit de se demander s'il ne serait pas logique d'attribuer le même âge triasique aux cinq pointements que je viens d'étudier, par raison d'analogie de facies et de continuité. L'allure très extraordinaire de ces pointements, au milieu de couches beaucoup plus récentes, dans des plis d'une tranquillité parfaite, sans qu'on les voie jamais au centre des anticlinaux ouverts jusqu'au jurassique, et la liaison si intime de roches

(1) *Loc. cit. ante.*

(2) *Loc. cit. ante.*

(3) *Loc. cit. ante.*

(4) BLAYAC et GENTIL. *Le trias aux environs de Souk-Ahras.* (Bull. Soc. géol. de France, t. XXV, 3ᵉ série, 1897.)

(5) GENTIL. *L'existence du trias gypseux dans la province d'Oran.* (Bull. Soc. géol. de France, 1898.)

éruptives avec plusieurs d'entre eux sont les deux points très faibles de cette théorie. La conception de plis très accusés localement est en contradiction flagrante avec tous les faits observés de l'allure tectonique de la région. L'une et l'autre hypothèse, plus satisfaisante qu'aucune troisième, explique cependant bien mal les faits observés, et je crois qu'il faut attendre que les études de détail mettent de nouveaux faits en lumière, avant de pouvoir être bien affirmatif en faveur d'une hypothèse ou de l'autre.

CHAPITRE II

Le Jurassique

On peut dire que les montagnes du Djebel Amour et des
Oulad-Nayl sont constituées par les différentes formations du
crétacé. Les terrains plus anciens ne couvrent que des espaces
restreints. Ce sont : les dépôts de gypse et de sel, dont l'âge est
peut-être triasique, dont les affleurements ont toujours une
allure bizarre, et que j'ai décrits au chapitre précédent ; et des
dolomies, ainsi que des calcaires spathiques massifs, dans lesquels on a trouvé des fossiles du jurassique supérieur.

Ainsi, en laissant de côté les dépôts gypseux, dont l'âge
triasique n'est pas absolument certain, les couches les plus
anciennes dans lesquelles j'ai trouvé des fossiles appartiennent
au jurassique supérieur. Cet étage est bien connu dans deux
chaînes situées un peu au nord et à l'est de la région que
j'étudie : le Dj. Ben-Ammade, au-dessus de Chellala, et le Dj.
Kerdada, qui domine Bou-Saâda ; enfin, au Dj. Sba-Liamoun,
où il se présente sous forme de calcaires dolomitiques, roses et
saccharoïdes. Ce facies du jurassique est un peu différent de
celui qu'il a dans le Djebel Amour et au Dj. Lazereg. Dans ces
chaînes, le facies de calcaire dolomitique et saccharoïde tend à
se montrer vers le bas de l'étage ; mais l'ensemble se présente
surtout sous forme de bancs mal lités et épais, d'un à plusieurs
mètres, d'un calcaire spathique, couleur gris de fer, toujours
rugueux à la surface ; on rencontre cependant, à la partie supérieure, quelques intercalations de marnes très fissiles et durcies,
de couleur verte, vert-de-gris et bleue.

Ces couches sont situées immédiatement au-dessous d'un
ensemble puissant de grès sans fossiles, qui, à leur niveau
supérieur, alternent deux à trois fois avec des calcaires où l'on

a trouvé des fossiles du néocomien. Aussi, je place tout l'ensemble de ces grès dans le néocomien. Cette interprétation correspond avec celle donnée par M. Péron pour le Kheneg de Seklafa, entre Laghouat et Aflou (1).

Dans la coupe que cet auteur donne du Djebel Merkeb, le long de la route d'Aïn-Mahdi à la Gada d'Enfous, d'après les notes de M. le commandant Durand, il marque des grès et schistes ondulés entre deux couches jurassiques. En réalité, ce sont des grès du néocomien qui apparaissent là dans un repli synclinal, entre deux axes anticlinaux représentés par le jurassique ; les deux voûtes anticlinales, très visibles, et les différents plongements des couches, ne laissent aucun doute. Il n'y a qu'à se reporter à la carte géologique au 800.000ᵉ, édition 1900, pour se rendre compte de la position de ce synclinal.

Ces couches du jurassique ont donné des fossiles probants ; dans la chaîne du Dj. Sidi-Bou-Zid, Le Mesle a recueilli : *Terebratula subsella, Ceromya excentrica, Ostrea solitaria, Natica marcousana*, des lima et des pecten (2).

Les couches jurassiques de la chaîne du Dj. Merkeb, aux bords de l'Oued Mzi, ont donné des tiges d'*Apiocrinus*, des *Rhabdocidaris Durandi*, des *Ceromya excentrica*, des *Mactromya rugosa*, des trigonies.

Enfin, dans la chaîne du Dj. Lazereg, Le Mesle a trouvé également : *Terebratula subsella, Ostrea solitaria, Ostrea expansa, Ostrea pulligera, Rhynconella inconstans*, des spongiaires, des mytilus, des mactromya. Les échantillons que j'ai recueillis moi-même se rapportent tous à des espèces mentionnées dans cette liste.

Comme on le voit, la faune jurassique, quoique peu variée et peu nombreuse, suffit pour déterminer cet étage avec certitude. Je ne pense pas qu'il soit possible de faire des subdivisions en différents niveaux. D'abord, les fossiles sont très rares ; je n'en ai recueilli qu'un petit nombre, et en très mauvais état de conservation. Ensuite, la séparation en niveaux des marnes et des calcaires est très peu nette. Au point de vue des variations

(1) Péron. *Géologie de l'Algérie*, p. 39 et suiv.

(2) Ces différents fossiles se trouvent dans la collection Le Mesle. (Galerie de paléontologie du Muséum d'histoire naturelle de Paris.)

lithologiques, la chaîne du Dj. Sidi-Bou-Zid et celle du Dj. Lazereg donnent des coupes exactement pareilles à celle du Khreneg de Seklafa. On voit une voûte très surbaissée, dont la base est formée, par 100 à 150 mètres au plus, de ces calcaires spathiques et rugueux en très gros bancs et de couleur gris de fer. C'est vers la partie supérieure que les calcaires deviennent plus bleus et prennent un grain plus fin ; ils alternent alors avec des marnes et sont en bancs moins épais.

Au-dessus de cet ensemble supérieur calcaréo-marneux, qui peut avoir de 50 à 80 mètres, commencent les grès du néocomien. Les fossiles jurassiques que j'ai recueillis étaient presque exclusivement cantonnés dans le complexe inférieur de ces calcaires rugueux.

CHAPITRE III

L'Infra - Crétacé

Ce terrain est extrêmement développé. Il comprend trois horizons faciles à séparer.

A la base, une alternance de calcaires gris et de grès foncés en bancs bien lités, et pouvant atteindre 200 mètres d'épaisseur. Chaque banc varie entre dix centimètres et un mètre d'épaisseur. Ces couches représentent le néocomien ; leur faune n'est pas très riche. Au milieu, des bancs de calcaires rognonneux, de couleur jaune, avec de rares alternances marneuses ; les lits successifs ont entre quelques centimètres et quelques dix centimètres d'épaisseur. Ces couches, plus riches en fossiles que les précédentes, contiennent une faune urgo - aptienne. Leur ensemble est représenté par quelques dix mètres de couches.

Au sommet, vient une formation puissante de 300 et peut-être de 400 mètres, à laquelle Pomel a donné le nom très caractéristique et très exact de grès à dragées. Ces couches représentent l'albien. Cette opinion a déjà été défendue par M. Péron, tandis que pour Pomel ces grès à dragées étaient néocomiens. Il les confondait avec les grès du niveau inférieur qui sont plus durs, mieux lités, et où les cailloux en forme de dragées sont tout à fait rares.

Mes recherches n'ont pas confirmé la manière de voir de Pomel, et je range avec M. Péron ces grès à dragées dans l'albien.

Immédiatement au-dessus des grès albiens, se trouve une série de couches calcaires et gypseuses, dans la base desquelles l'on rencontre *Ostrea flabellata* et d'autres fossiles aussi caractéristiques.

C'est leur intercalation entre des calcaires à faune urgo-aptienne et d'autres calcaires cénomaniens — intercalation continue sur des centaines de kilomètres carrés — qui permet d'attribuer l'âge albien à ces 300 mètres de grès à dragées, dans lesquels on ne rencontre pas de fossiles. Ils représentent probablement aussi la partie supérieure de l'aptien.

Les couches du jurassique et de l'infra-crétacé forment les plis anticlinaux et les dômes, tandis que les synclinaux sont constitués par les couches du crétacé supérieur. Souvent, entre deux anticlinaux, il n'existe pas de synclinal, mais un palier immense, vaste plaine où les couches ne sont pas ondulées. Ces plaines sont presque toujours formées par le niveau aptien-albien des grès à dragées, dont les couches affleurent en gigantesques dalles horizontales, sous un manteau d'atterrissement souvent fort réduit.

§ 1er. — Le Néocomien

Ce terrain paraît augmenter d'épaisseur vers l'ouest, en même temps que les bancs gréseux y deviennent plus rigides et mieux séparés des bancs calcaires ; les marnes disparaissent en même temps.

Tandis qu'à l'est, dans le cercle de Bousaâda, on observe une alternance de marnes sableuses avec des grès, des marnes multicolores et des calcaires gréseux lités en minces plaquettes, on voit, en s'avançant vers l'ouest, les bancs de grès qui s'individualisent, les bancs de marnes devenir de plus en plus durs et passer à des calcaires. Dans le Djebel Amour, l'on a alors une succession plus rarement répétée de grès très rigides, qui sont de véritables quartzites, et qui ont à leur surface une patine ferrugineuse presque noire, et de calcaires compacts de couleur gris de fer. Leur cachet de quartzites durs et leur manière de se détacher en minces parallélipipèdes permet de séparer, sur le terrain, ces grès spéciaux du néocomien d'avec ceux de l'albien, qui sont bien moins cristallins et qui, par suite, ont gardé un cachet détritique beaucoup plus marqué.

Cet étage néocomien contient une faune peu variée, mais les points fossilifères sont relativement nombreux.

Dans les montagnes du Dj. Amour, on trouve le néocomien sur les deux versants de la chaîne du Dj. Sidi-bou-Zid et dans son prolongement à l'ouest. On y a trouvé : *Terebratula præ-*

longa et des *Pleurotomaria*. Au sud d'Aflou, au Dj. Zlag, et à l'extrémité du même anticlinal, j'ai trouvé : *Pterocera pelagi*, *Terebratula prælonga*, des *nérinées* et des moules de bivalves indéterminables. A Aouinet-el-Hamir, Pomel cite, d'après Nicaise, *Toxaster africanus*.

Dans la grande chaîne du Dj. Merkeb au Dj. Chekoua, Le Mesle et M. Durand ont recueilli : *Echinobrissus Durandi* et *Terebratula prælonga*, ainsi que dans l'anticlinal qui longe, au sud, la Gada d'Enfous.

M. Péron cite, dans la voûte anticlinale de Tadjemount à El-Haouadjib : *Cidaris Maresi*, *Acrosalenia miranda*, *Echino-brissus Durandi*, *Bothriopygus Meslei*, *Bothriopygus Trapeti*, *Terebratula prælonga* et *Ostrea Eos*. Dans les chaînes des Oulad-Nayl, les flancs du Dj. Lazereg ont donné, outre ces différentes espèces : *Pseudocidaris clunifera*, *Hemicidaris Meslei*, des *mytilus* et des *lima*. Dans la chaîne anticlinale du Dj. Merguet au Dj. Zaccar, on rencontre : *Ostrea Maresi*, *Ostrea Eos*, *Ostrea tisiphonæ*, *Pterocera pelagi*, *Terebratula prælonga*, *Toxaster africanus*, *Echinobrissus humilis*. Tous ces fossiles ont déjà été cités par M. Péron ; on trouve en outre, dans la collection Le Mesle, au Muséum d'histoire naturelle de Paris : *Pterocera tricarinata*, des *pleurotomaria* et des *spongiaires*. Brossard a signalé les mêmes espèces dans les montagnes du cercle de Bousaâda, dans sa *Description du sud de la subdivision de Sétif*.

Le néocomien forme un ensemble qu'il est difficile de subdiviser : les mêmes fossiles se trouvent irrégulièrement placés à tous les niveaux de cet étage. La composition lithologique de ce dernier varie, comme je l'ai montré, de l'est à l'ouest ; cependant, partout les formations gréseuses dominent à la base de l'étage, et les bancs calcaires au sommet.

J'ai cherché à grouper dans un tableau, à la fin du chapitre, les successions de couches qui forment le néocomien dans les trois régions du cercle de Bousaâda, des cercles de Djelfa et Laghouat, et dans le Djebel Amour.

§ 2. — L'Urgo-Aptien

Sur le terrain, il n'est pas toujours facile de placer avec

rigueur la ligne exacte de démarcation entre cet étage et le précédent.

Aux calcaires bleus de l'étage néocomien, succède cependant toujours, et très régulièrement, un ensemble pas très épais de calcaires rognoneux, de couleur jaune, avec de nombreuses alternances de marnes de même couleur. Ce terrain, où les fossiles peu variés sont abondants, et dans l'étendue duquel on rencontre plusieurs points fossilifères, se termine d'une manière presque invariable par un banc, ou plusieurs bancs marneux, entre des ressauts calcaires qui contiennent en abondance : *Terebratula sella* et *Orbitolina lenticularis*. Dans le pays, ce terrain affleure presque exclusivement sur les flancs des anticlinaux principaux, ou forme le cœur des anticlinaux secondaires. Ses couches, composées alternativement de calcaires durs et de marnes argileuses, forment une série de gradins ou de longues crêtes aiguës, que les chevaux ont parfois de la peine à franchir.

Le gisement fossilifère le mieux étudié est celui de Bousaâda, où M. Péron a signalé en même temps que *Janira Morrisi* Pict., *Mytilus æqualis*, un niveau riche en oursins, avec : *Heteraster oblongus*, *Echinospatagus Collegnoi*, *Holectypus macropygus*, *Salenia prestensis*, *Pseudodiadema Malbosi*, *Pseudodiadema porosum*, *Codechinus rotundus* et *Orthopsis Repellini* ; et un turbo voisin de *Turbo Tournali*.

C'est avec des caractères identiques que les affleurements de cet étage apparaissent dans les montagnes des Oulad-Nayl et dans le Djebel Amour, où je l'ai trouvé très constant. Il a partout une épaisseur totale qui varie de 50 à 100 mètres.

Dans la chaîne du Dj. Merguet au Dj. Zaccar, on trouve : *Terebratula sella* Sow., *Ostrea Eos* et *Ostrea tisiphonæ*. Les mêmes fossiles se retrouvent au Dj. Tadmit. Pomel cite, d'après Nicaise : *Terebratula sella* Sow. et *Heteraster oblongus* d'Orb., au moulin de Djelfa. Mais c'est sur le pourtour de la cuvette synclinale d'Aflou que j'ai trouvé un nombre assez grand de gisements nouveaux ; tous m'ont donné : *Terebratula sella*, *Ostrea Eos*, *Orbitolina lenticularis*, quelques oursins ou bivalves indéterminables. Ces différents gisements sont : le Djebel El-Aouidja, la colline du marabout de Sidi-Bou-Lefa, la crête d'El-Rihe, le sommet de Sidi-Bou-Krerouf.

Il n'est pas possible de faire de subdivisions dans l'étage urgo-aptien ; celui-ci passe d'ailleurs à sa base, sans transition brusque, aux calcaires et marnes du néocomien supérieur, et la séparation n'est pas toujours aisée à reconnaître sur le terrain. Au contraire, le passage à l'état gréseux supérieur est d'une netteté absolue, et peut se marquer sans la moindre hésitation.

§ 3. — L'Albien

Cet étage supérieur est formé par un complexe très puissant de grès peu cristallins, lités en bancs de un à plusieurs mètres d'épaisseur. Il représente très probablement le niveau supérieur de l'étage aptien et l'étage albien en entier. En effet, il débute toujours par une succession de marnes plus ou moins gypseuses, de couleur violette ou lie de vin, épaisses depuis quelques mètres à 20 mètres et plus ; les marnes sont presque partout immédiatement superposées aux bancs calcaires formés par les *Orbitolina lenticularis*. En se reportant aux coupes classiques, et surtout à celle de la Perte du Rhône, on voit qu'il est naturel d'attribuer à l'étage aptien cette série de marnes qu'on rencontre à la base du complexe des grès albiens.

Au-dessus, vient une série indéfinie et très uniforme de grès à grains grossiers, qui, en beaucoup de points, contiennent de nombreux galets de quartz, blancs ou roses, bien roulés et ayant l'air d'une dragée : d'où le nom si caractéristique de « grès à dragées », qui leur a été donné par Pomel.

Ce sont eux qui couvrent les plus grands espaces, et c'est leur désagrégation qui forme les rares dunes que l'on rencontre dans le pays, soit auprès de Bordj-Douis, dans le cercle de Djelfa, soit contre les chaînons au sud de Laghouat, ou encore au sud des Zahrez. Ces grès sont formés par l'accolement de grains de quartz très peu roulés, en général. Il n'y a presque pas de ciment ; on a signalé dans cette formation quelques lignites près d'El-Richa, dans le Djebel Amour ; auprès de l'Aïn Aflou, j'ai trouvé des troncs, des feuilles et d'autres restes végétaux, malheureusement complètement silicifiés et trop altérés pour être déterminables. Ces grès passent à l'étage supérieur par une alternance de marnes et de calcaires gréseux d'une faible épaisseur.

On trouve des fossiles cénomaniens, tels que : *Ostrea flabellata, Ostrea Syphax*, etc..., dès la base des calcaires, plus ou moins coupés de bancs gypseux, qui forment l'étage suivant, et qu'il est facile de distinguer, grâce à ses caractères lithologiques.

Ces grès sans fossiles, qui forment un complexe puissant de 300 à 400 mètres environ, n'ont donc un âge aptien supérieur et albien que parce qu'on les rencontre partout, reposant sur des couches à *Orbitolina lenticularis* et en supportant d'autres, à la base desquelles on a recueilli une faune nettement cénomanienne.

Comme les plis et les ondulations sont très simples, il n'y a eu ni étirement ni suppression de couches dans cette région, et la loi de superposition des niveaux garde toute sa valeur.

Pour mieux rendre évidente la position de ces grès dans l'échelle stratigraphique, je vais donner une ou deux coupes générales qui montreront bien leurs relations avec les niveaux fossilifères, inférieur et supérieur.

§ 4. — QUELQUES COUPES DÉTAILLÉES DU CRÉTACÉ INFÉRIEUR

Coupe du Djebel Milok au Djebel Lazereg (Pl. I, fig. 4).

En allant du Dj. Milok au Dj. Lazereg, on coupe successivement toutes les couches du crétacé. Celles-ci, très faiblement inclinées au sud-est, ont un plongement qui varie de 10 à 25 degrés, jusque sur le flanc même du Dj. Lazereg, où alors elles se redressent brusquement et atteignent 45 degrés d'inclinaison, et plus.

En partant du sommet du Dj. Milok, on rencontre successivement :

Le *Turonien*. — 50 à 80 mètres de calcaires très durs, blancs, à cassure esquilleuse, à surface rugueuse, parfois avec silex, se litant en bancs de plusieurs mètres d'épaisseur, avec une patine jaune brun ; on y a trouvé de grosses ammonites (1) : *Pachydiscus peramplus, Pach. Durandi, Pach. Rollandi, Sphænodiscus Requieni, Pseudotissotia Meslei.*

(1) M. PÉRON. *Les ammonites de la craie.* (Mémoires de la Société géologique de France. Paléontologie, t. 4, fasc. 4, et t. 7, fasc. 1 et 2 ; années 1896 et 1897.)

Le *Cénomanien*. — 80 à 100 mètres, formant une pente douce au-dessous de l'abrupt turonien ; alternances de calcaires jaunes, rosés ou violacés, lités en bancs de quelques décimètres, et de masses gypseuses qui se fragmentent par écailles, à stratification confuse, d'un blanc gris.

Les couches cénomaniennes sont en partie masquées par les très nombreux éboulis turoniens.

Albien et Aptien supérieur. — Cet étage commence à affleurer au pied de la pente qui forme le Dj. Milok, et constitue toute la plaine longue et étroite qui sépare la chaîne du Milok de celle du Lazereg. A la partie supérieure, on trouve une brève alternance de marnes et de calcaires gréseux ; puis les grès en gros bancs, très faiblement inclinés, ayant de un à deux mètres d'épaisseur et séparés par un lit plus marneux de quelques centimètres, se succèdent jusqu'aux premiers contreforts du Djebel Lazereg. Ils subissent alors un redressement brusque et forment une suite de petites collines bien alignées, séparées par d'étroites vallées. Les crêtes sont formées par les niveaux des grès, et les vallées par ceux des marnes ou des parties marnogréseuses. Il est difficile de calculer avec exactitude l'épaisseur de couches peu inclinées et coupées suivant un biseau très aigu ; je pense cependant que l'épaisseur totale de ces grès ne doit pas dépasser 400 mètres, au plus. A la base, sur le bord de l'Oued Bja-ed-Djebline, on a le niveau des marnes multicolores, dont le cours d'eau a profité pour y creuser son lit.

Urgo-Aptien. — Au-dessous, apparaissent des calcaires jaunes, marneux et rognoneux, où, presque partout, l'on retrouve à la partie supérieure le niveau à orbitolines. Ces calcaires forment des crêtes aiguës qui rendent la chevauchée difficile, et des vallées profondes. Toujours, la pente douce suit l'inclinaison de la couche, et la pente raide est tournée vers l'axe de la chaîne. L'épaisseur de ces couches uniformes et fossilifères peut atteindre 100 mètres.

Néocomien. — Le néocomien est formé par des bancs bien lités, et épais de un à plusieurs mètres, de calcaires et de grès sans intercalations marneuses ; j'ai cité dans un paragraphe précédent les divers fossiles qu'on y a trouvés ; ces couches, qui affleurent en une pente uniforme, ont une épaisseur qui n'atteint pas 200 mètres. Elles reposent sur une voûte surbaissée.

Jurassique. — Le jurassique qui forme cette voûte est peu entamé par les torrents, près de leur bassin de réception ; aussi ne voit-on que quelques dix mètres d'épaisseur de calcaires spathiques, couleur gris de fer, mal séparés en très gros bancs, et qui ont donné une faune que j'ai indiquée au paragraphe 1er de ce chapitre.

Coupe prise entre Djelfa et la ferme des Ruines

En allant de Djelfa au Moulin, l'on traverse les couches depuis le sénonien jusqu'à l'urgo-aptien, et en continuant depuis le Moulin jusqu'à l'Oued Sidi-Slimane, on retrouve toutes les mêmes couches, mais en sens inverse, c'est à dire allant de bas en haut, de l'urgo-aptien au sénonien. Comme on le voit, cette coupe montre que l'Oued Melah traverse en cluse une voûte anticlinale complète ; les pendages, assez uniformes y ont de 10 à 20 degrés et atteignent rarement 30 degrés ; nous allons entrer dans quelques détails.

Immédiatement au sortir de Djelfa, par la porte nord, l'on voit à gauche une série de petites collines ; sur l'une d'elles est bâtie la mosquée.

Ces collines sont formées par des *calcaires sénoniens*, dont les niveaux supérieurs contiennent des bancs bréchiformes, avec galets plus ou moins roulés, qui témoignent de l'émersion de la contrée vers la fin du sénonien.

La base est formée par des calcaires minces, clairs, plus ou moins rognonneux, où l'on trouve facilement de très nombreux fossiles : *Nerita Fourneli, Turritella pustulifera, Turritella leoperdites, Vulsella turonensis, Hemiaster Fourneli,* et surtout de très nombreux moules de bivalves à peu près indéterminables. Par suite de leur très faible inclinaison, les couches, qui n'ont guère plus de 150 mètres d'épaisseur, affleurent sur une largeur de plusieurs kilomètres.

Le *Turonien.* — Il forme, au-dessus des mamelons sénoniens, des collines à pentes plus raides ; dans la partie qui borde la route, il est constitué par des bancs moins durs de calcaires en plaquettes sonores ; mais pour peu qu'on s'avance au sud-ouest, vers le poste optique du Senalba, en suivant la crête, on le voit bientôt reprendre son facies récifal caractéristique, et l'on peut observer de nombreuses coupes de rudistes ; dans l'abrupt qu'il forme au-dessus du cénomanien, Le Mesle a rapporté du Senalba : *Pachydiscus Durandi*. L'épaisseur de cet étage est de 100 à 150 mètres, les couches occupant un kilomètre de largeur.

Le *Cénomanien*. — Il commence au point où la route fait un coude ; à sa limite supérieure, il est formé par des calcaires en plaquettes, peu gréseux, souvent colorés en nuances vives : jaune, rose, violet. Les intercalations gypseuses sont d'une épaisseur d'une dizaine de mètres, au maximum ; les calcaires sont en bancs minces et bien lités. On y a trouvé de nombreuses *Ostrea rediviva* et des oursins. Ces couches sont épaisses de 100 à 200 mètres et forment une dépression dans la topographie ; elles reposent sur les grès qui constituent, au nord, le Kef Dechra.

L'*Albien* et l'*Aptien supérieur*. — Les grès de l'étage albien constituent un sommet élevé, grâce à leur résistance à l'érosion. Ici, les niveaux marneux font presque complètement défaut, comme intercalations, dans le complexe gréseux, épais de plus de 300 mètres. Par contre, on les retrouve bien développés à la base, dans la large dépression au milieu de laquelle la crête urgo-aptienne d'Argoub-el-Ahmeur pointe sous les marnes multicolores de l'aptien supérieur. Jusqu'ici, toutes les couches ont eu un plongement uniforme vers le sud-est, et il n'y a pas eu d'ambiguïté dans la superposition des niveaux. Comme partout, les grès qui représentent l'albien et l'aptien supérieur sont en stratification concordante entre les calcaires cénomaniens qui les surmontent, et ceux de l'urgo-aptien qui les supportent.

L'*Urgo-Aptien*. — Cet étage, qui, à Argoub-el-Ahmeur, forme le centre de l'anticlinal, a donné là *Heteraster oblongus* et *Terebratula sella* ; il est formé, comme toujours, par des bancs plus spathiques et plus durs qui jalonnent des crêtes étroites, et par d'autres, plus marneux et plus rognonneux, qu'on rencontre dans des dépressions successives et alignées.

A partir de ce point, le plongement des couches change et se fait au nord-est. Si l'on continuait la coupe, l'on verrait la succession inverse des terrains que nous venons d'étudier ; aussi, je ne pense pas qu'il soit utile de la prolonger plus au nord.

J'ai cherché à résumer, dans le tableau suivant, les données essentielles sur l'infra-crétacé :

TABLEAU RÉSUMANT L'ALLURE DES COUC

ÉTAGES GÉOLOGIQUES	DJEBEL AMOUR ET CHAINE DU DJEBEL LAZEREG		CERCLES DE [
Albien et Aptien supérieur	Alternance de 400 mètres de grès très peu cristallins, en bancs très gros, et de minces bancs de marnes rouges, grès à dragées. Un horizon de marnes rouges, violettes et lie de vin.		Alternance de grè nent des galets de les bancs marneu: Un horizon de n
Urgo-aptien	**Djebel Eurried, tout le rebord du synclinal d'Aflou** Calcaires avec *Orbitolina lenticularis* et *terebratula sella*. Alternances de marnes et de calcaires avec *terebratula sella, ostrea eos, ostrea tisiphonœ, ostrea Boussingaulti*.		**Djebel Tadmi[Djebel Ha** Calcaires durs, *lenticularis*. Alternance de ca très argileuses, ve: *sella, ostrea Leyme* gasteropodes.
Néocomien	**Dj. Deddegue, Dj. Merkeb, Dj. Zlag** Alternance de grès parfois ferrugineux, avec des calcaires bleus avec petits lits marneux. Calcaires, avec couches pétries de débris d'huitres : *echinobrissus Durandi, terebratula prœlonga*, etc Grès quartziteux, en bancs bien séparés. Calcaires bleus compacts, avec *pterocera pelagi* et des nérinées, coupés par des bancs de grès à la base.	**Dj. Bou-Chekoua, Dj. Lazereg** Alternance de grès quartziteux épais et de calcaires bleus. Calcaires avec *cidaris Maresi, echinobrissus Durandi, terebratula prœlonga*. Grès très quartziteux. Calcaires avec *pseudocidaris clunifera, hemicidaris Meslei, terebratula prœlonga*. Calcaires bleus et grès.	**Dj. Tadmit, Dj. [guet, Dj. Zacc[** Alternance de calc[rugueux et de grès q[ziteux, passant parf[de fins poudingues. Le calcaire ciment[fois de nombreux et [cailloux roulés. Calcaires bleus, alternances de bancs[neux au contact d'au[pétris d'huitres, avec[*bratula prœlonga*, o[*Maresi, ostrea eos, t[ter africanus, cidari[resi, pterocera pelagi[*

DE LAGHOUAT	CERCLE DE BOUSAADA	
arnes ; les grès contien- mblables à des dragées ; res et sans épaisseur. ulticolores.	Alternance de bancs de grès, qui constituent toute la formation et de minces et rares niveaux marneux. Un horizon de marnes multicolores.	
el Bou-Chekoua, jebel Zaccar —	**Oued-Chaïr, base du Dj. Bou-Khaïl** —	**Bousaâda** —
trea eos et *orbitolina* gnoneux et de marnes unes, avec *terebratula* nombreux moules de	Calcaires avec bancs pétris d'*orbitolina lenti- cularis*. Alternance de calcaires rognoneux, jaunes, de marnes jaunes ou vertes avec *terebratula sella* et *heteraster oblongus*.	Marnes et calcaires avec *ostrea Boussingaulti, pseu- dodiadema pastillus*, etc. Marnes avec *orbitolina lenticularis, heteraster oblongus, echinospatagus Collegnoi*, etc. Calcaires avec terebra- tules. Calcaires durs avec orbi- tolines. Marnes avec *echinobris- sus eddisensis*.
Dj. Zerga, Dj. Bou-Khaïl —	**Dj. Liamoun** —	**Dj. Kerdada** —
Marnes et calcaires al- ernant avec des bancs de rès moins nombreux et nieux séparés ; ensemble oins épais. Calcaire oolithique avec oxaster africanus. Calcaires magnésiens, leus, avec *cidaris Maresi*.	Alternances de grès accompagnés de marnes multicolores, avec des cal- caires gris de fer, en bancs bien lités. Calcaire oolithique avec *echinobrissus sebaensis, pygurus impar, pygurus eurypneustes*. Calcaires durs, à *pte- rocera pelagi, mytilus Cuvieri, venus, cardium*.	Alternance de grès, de calcaires gréseux et de marnes. Calcaires bleus avec *ostrea mauritanica, ostrea Leymeriei, natica prœ- longa, nerinea Pauli, neri- nea gigantea, trigonia Hodnœa*. Marnes et grès. Calcaires oolithiques avec fragments d'oursins. *pygurus* et *toxaster*. Calcaires marno-sa- bleux, avec *ostrea Maresi* et *terebratula prœlonga*.

CHAPITRE IV

Le Supra-Crétacé

La série des étages du crétacé supérieur est très bien représentée dans le sud de l'Algérie ; il forme de très vastes cuvettes
synclinales ; ses dépôts sont aussi conservés sous forme de
témoins ou de gours géants, véritables montagnes qui permettent de juger de l'ampleur des dénudations auxquelles ces
terrains ont été soumis.

La transgression de la série supra-crétacée, dans le Sahara,
est un fait très remarquable et bien connu. Les premiers mouvements certains du sol datent de la fin du sénonien ; il y a eu
alors émersion de toute la contrée occidentale et méridionale,
dans le sud des provinces d'Oran et d'Alger. A partir de ce
moment, la mer n'y est plus revenue, et le pays a dû rester
une terre ferme, où des ravinements puissants ont laissé leurs
traces dans d'épais dépôts d'atterrissements.

D'ailleurs, cette émersion avait été préparée et annoncée par
les dépôts lagunaires et gypseux du cénomanien, et les dépôts
côtiers de certains niveaux du sénonien.

A l'ouest, au contraire, dans la province de Constantine, la
mer a continué ses dépôts sans interruption, et le passage est
graduel et presque insensible entre le sénonien et le danien,
entre cet étage et l'éocène.

Dans les montagnes des Oulad-Nayl et dans le Djebel Amour,
les dépôts cénomaniens, formés par des calcaires marneux et
par des gypses, offrent presque toujours des pentes douces, que
couronne un abrupt caractéristique, dû aux calcaires compacts
du turonien. Ces deux étages sont presque toujours réunis et
occupent de grandes surfaces. Le sénonien, au contraire, a des
affleurements très restreints. Il semble bien avoir dû exister à
peu près partout, mais l'érosion l'a presque totalement détruit,

sauf dans les fonds et sur. les flancs des synclinaux les plus importants. Cependant, dans quelques cas, et à l'ouest de Djelfa, par exemple, des bancs sénoniens contiennent des débris roulés et prennent un facies de rivage, indiquant qu'une émersion partielle s'est peut-être déjà fait sentir au début du sénonien. Nous allons donner quelques détails sur chacun de ces trois étages.

§ 1er. — LE CÉNOMANIEN

Ce terrain, qui repose en concordance absolue sur les grès de l'albien, présente à la base quelques bancs de passage, peu épais, alternativement marneux et gréseux. Au-dessus, vient une série de calcaires blancs, assez bien lités, et peu épais. Ces calcaires alternent surtout avec des marnes, dans le cercle de Boussaâda, sur le revers nord de la chaîne saharienne. A mesure qu'on avance vers le versant sud de la chaîne, ou lorsque l'on se rapproche de la province d'Alger, l'on voit les marnes se charger de plus en plus de gypse friable et d'albâtre. En continuant d'avancer vers l'ouest, dans le Djebel Amour, le gypse devient plus compact et plus dur ; ses dépôts deviennent moins importants, tandis que les calcaires augmentent et passent aux calcaires dolomitiques ; leurs bancs prennent plus d'épaisseur.

La faune est presque exclusivement une faune d'ostracées et d'oursins. Au Djebel Bou-Khaïl, on trouve, d'après M. Péron : *Ostrea Syphax*, *Ostrea flabellata*, *Ostrea africana*, et des oursins : *Hemiaster Batnensis*, *Holectypus excisus*, *Echinobrissus augustior*, *Heterodiadema Libycum*, enfin *Turrilites costatus*. Il faut y citer, en outre, au-dessus d'Amoura, des empreintes d'*Ornitichnites*. Sur le versant nord du Senalba, Le Mesle a recueilli de très nombreux exemplaires d'*Ostrea rediviva*. Enfin, au Djebel Milok, on a trouvé *Ostrea flabellata* et *Ostrea Syphax*. Cet étage est un des plus développés dans le sud de la province d'Alger, quoique les points fossilifères ne soient pas très abondants. J'en donnerai une coupe détaillée à la fin de ce chapitre ; on peut également se reporter aux deux coupes que j'ai données à la fin du précédent chapitre, et dans lesquelles l'étage cénomanien occupe une place importante.

§ 2. — Le Turonien

Au-dessus des 150 à 200 mètres de marnes et gypses du cénomanien, aux pentes douces, se dresse un étage d'un tiers moins épais, mais formé par des calcaires très durs qui s'élèvent d'habitude comme la muraille crénelée de quelque gigantesque forteresse.

Ce sont des calcaires du turonien, construits en grande partie par des rudistes, et ce sont eux qui donnent au pays une partie de son caractère aride. Dans certains cas, comme près d'El-Assafia, au sud-est de Laghouat, ces calcaires ont été polis par le sable désagrégé des grès de l'albien, et que chasse le simoun. Ils n'ont plus alors leur couleur gris pâle et leur cachet rugueux habituel ; ils ont pris la couleur de l'ivoire et un poli brillant, incomparable.

Ce sont toujours les calcaires du turonien qui forment les crêtes, même dans les plis où le sénonien existe ; ce dernier terrain, moins résistant à l'érosion, n'apparaît plus que sur le flanc des collines, sous la protection de l'arête turonienne.

La faune n'est pas riche et, en général, en très mauvais état de conservation. Elle consiste en oursins, en ostracées, en rudistes ; on trouve également, dans le cercle de Laghouat, des ammonites en un nombre de points assez grand, mais, la plupart du temps, en très mauvais état de conservation. Les gisements fossilifères du turonien sont plus nombreux que ceux du céno-manien. Les seuls rudistes trouvés l'ont été par Marès (1), qui signale à quelques kilomètres au sud de Djelfa, entre le gué de l'Oued Seddeur et la maison Saint-Martin, des roches pétries d'*Hippurites organisans* et de *Sphærulites Sauvagesi*. Au Djebel Senalba, Le Mesle a recueilli *Pachydiscus Durandi ;* enfin, il a trouvé au sommet du Dj. Milok une faune abondante d'ammonites, étudiées par M. Péron (2). Ce sont : *Pachydiscus peramplus, Pachydiscus Durandi, Pachydiscus Rollandi, Sphenodiscus Requieni, Pseudotissotia Meslei.*

(1) Marès. *Sur la constitution géologique du Sud de la province d'Alger.* (Comptes rendus Acad. des Sciences, t. IX, n° 20, p. 1039, année 1865.)

(2) Péron. *Les ammonites de la craie ;* loc. cit. ante.

Enfin, il faut encore citer, au Dj. Dakla, *Acanthoceras Deverianus*. Au Rocher-des-Chiens, près de Laghouat, le commandant Durand a recueilli : *Holaster tizigrarina*, *Hemiaster latigrunda*, *Pyrina Durandi*. Enfin, Nicaise avait signalé au Dj. Aïa, au nord de Djelfa : *Radiolites socialis* et *Caprotina Matheroni*.

Le turonien a, comme le cénomanien, une très grande extension dans les cercles de Djelfa et de Laghouat.

§ 3. — Le Sénonien

Cet étage a son principal affleurement sur les rebords intérieurs de la cuvette synclinale de Djelfa. Le centre en est occupé par des dépôts d'atterrissements. On le trouve aussi dans le synclinal de l'Oued Sidi-Slimane, dans la cuvette du Milok, sur le revers sud du Dj. Dokkan, dans la chaîne qui va de Laghouat à Messad ; enfin au Dj. Mcied, à l'ouest de Laghouat.

Mais tous ces affleurements sont peu étendus.

Cet étage est formé par des calcaires, couleur jaune de miel ou ocre, très souvent rognoneux, autrement marneux, en bancs peu épais. L'ensemble de la formation ne dépasse pas 150 mètres de puissance. J'ai retrouvé la plupart des fossiles cités par M. Péron, à l'Oued Sidi-Slimane et sur le versant méridional du Dj. Senalba : *Tissotia Fourneli*, *Nerita Fourneli*, *Turritella pustulifera*, *Turritella leoperdites*, *Vulsella turonensis*, *Plicatula Ferryi*, *Hemiaster Fourneli*, *Holectypus serialis*, et de très nombreux moules de bivalves dans un mauvais état de conservation.

L'émersion de la contrée a eu lieu après le sénonien ; aussi, cet étage a-t-il eu à subir des dénudations très considérables, comme le témoigne d'ailleurs le peu d'étendue d'affleurements autrefois continus.

Plus loin, à l'est, dans la province de Constantine, il y a eu passage continu entre le sénonien et le danien, le danien et l'éocène. C'est, je pense, ce qui a dû également se passer à l'est de Laghouat, où l'on retrouve le lambeau sénonien du versant sud du Dj. Dokkan, tout près du petit affleurement éocène inférieur de Ras-Sidi-el-Sacher. Mais comme le quaternaire masque complètement leurs relations, on ne peut pas certifier qu'il y a eu continuité de dépôts entre ces deux formations.

Nous allons compléter les données précédentes, en donnant quelques coupes de détail.

§ 4. — Coupes géologiques détaillées

Coupe du Djebel Bou-Khaïl (Pl. I, fig. 1).

Elle est prise sur le flanc occidental de la montagne, en venant de Messaâd. A la base, les couches de *grès albiens* affleurent au pied de la montagne, mais ne font pas même partie des premiers contreforts.

Cénomanien. — Un premier ressaut très marqué, ayant au moins 150 à 200 mètres, formé par des calcaires très bien lités à la base, clairs et sonores, avec intercalations minces de bancs un peu plus marneux. A la partie supérieure, les bancs deviennent de plus en plus épais et forment une corniche ; quelques formations de karst en miniature. Un replat est constitué par des marnes vertes, mêlées de gypse ; puis vient une pente douce, montrant une alternance de gypse et de petits bancs calcaires ; hauteur de ce second complexe : 150 mètres ; ce qui donne près de 350 mètres au cénomanien. Au-dessus, s'élève un abrupt *turonien*, infranchissable presque partout, et dont les murailles récifales s'élèvent d'un seul jet de 200 mètres de hauteur ; le calcaire compact y a pris une patine brun roux.

Dans cette coupe, le turonien et le cénomanien ont une épaisseur plus grande que dans toutes les autres que nous avons pu relever ; il semble que le Dj. Bou-Khaïl ait été un point où les géosynclinaux du cénomanien et du turonien se sont enfoncés et comblés avec une intensité particulière. On peut mettre en parallèle avec cette coupe celle qui a été relevée par Le Mesle au-dessus du ksar d'Amoura, et donnée par M. Péron dans sa *Géologie de l'Algérie*, page 101.

Coupe du Djebel Dokkan

Elle est intéressante, à cause de l'affleurement de sénonien qu'on y rencontre. On a, du nord-ouest au sud-est :

Cénomanien. — Il forme toute l'étendue entre la chaîne de Kef-el-Guétout et celle du Dj. Dokkan ; on n'en aperçoit que la partie supérieure ; aussi, les marnes vertes mêlées de gypse et les calcaires en bancs minces sont-ils bien développés ; le banc limite gréseux existe, mais n'est pas très bien individualisé.

Turonien. — Il forme une masse de calcaires rugueux, brun roux, avec une stratification extrêmement grossière ; ils sont très profondément entamés sur le versant méridional, par une série de ravins parallèles.

Sénonien. — Une vallée qui suit le pied de la chaîne marque la base du sénonien, formée par des calcaires jaune vert, extrêmement marneux.

Une colline qui lui succède est formée par un niveau de calcaires rognonneux, en bancs plus durs, avec toutefois de nombreuses intercalations marneuses. Tout l'ensemble des couches plonge au sud-est, les couches du turonien plus fortement que les autres. Au delà du sénonien, l'on rencontre les dépôts d'atterrissements.

ÉTAGES GÉOLOGIQUES	DJEBEL AMOUR	CER[...]
Sénonien	Manque.	Calcair[...] jaune de [...] *turritella p*[...]
Turonien	**Djebel Eurried, Djebel Oum-el-Guedour, Djebel Sidi-Okba, Djebel Gourou** Calcaires récifaux, compacts, qui présentent à leur base un niveau légèrement stratifié. Absence de bancs marneux.	**Djebel D**[...] **Lag**[...] Les calca[...] forment d[...] Ce sont s[...] la base desq[...] nites : *Pach*[...] *P. Durandi,*[...] *Pseudotisso*[...]
Cénomanien	**Djebel Eurried, Djebel Oum-el-Guedour, etc. Chaîne du Kef-Tamedda** Au sommet, un banc de calcaires, colorés en teintes vives, rose, violet, jaune, parfois un peu gréseux. Les marnes et bancs de gypse diminuent et font place à des calcaires mieux lités, ou à des calcaires gypseux durs et dolomitiques. Les pentes se redressent.	**Djebel D**[...] **Lag**[...] Au somm[...] tendres et fr[...] Haïrech et d[...] Alternan[...] tes, avec[...] Alternan[...] avec *turrili*[...] *africana,*[...]

...FA ET DE LAGHOUAT	CERCLE DE BOUSAADA
: et rognonneux, couleur , avec *Tissotia Fourneli*. *urritella leoperdites*, etc.	N'affleure qu'en dehors du Cercle, très près de la limite Sud-Est.
alba, bel Milok, Chaîne de ...essaâd ...s très épais, indistincts, s abrupts. calcaires construits, à niveau à grosses ammo- *mplus. P. Prosperianus*, i, *Sphenodiscus Requieni*, etc.	**Montagnes qui avoisinent Bousaâda** **Djebel Msaâd, El-Hamel** ——— Les calcaires sont en bancs très épais ; les marnes sont cantonnées à la base, avec *Ostrea Biskarensis*.
alba, bel Milok, Chaîne de essaâd : de grès de quartz roses. loppé surtout au Djebel ne du Sud. lires et de marnes ver- *iax*. lires et de bancs de gypse, s, *ostrea flabellata*, *ostrea neti*, etc.	**Montagne de Msaâd, environs de Bousaâda** ——— Calcaires marneux, grossiers, riches en échinides. Argiles verdâtres avec *ostrea redivica*, *ostrea Rou-rillei*. Calcaires grumeleux grossiers, avec *ostrea cameleo*, *ostrea Delettrei*. Calcaires marneux avec de nombreux oursins, *turrilites costatus*, *turrilites Bergeri*, etc. Alternance de calcaires et de marnes, avec *ostrea flabellata*, *ostrea olisiponensis*, etc.

CHAPITRE V

Le Tertiaire et le Quaternaire

J'ai indiqué, dans le chapitre précédent, que d'importants mouvements du sol avaient eu lieu après le sénonien, et avaient transformé en terre ferme la partie de l'Atlas Saharien que nous étudions.

A ce moment, la mer éocène est repoussée au nord et à l'est de la chaîne ; au sud, au contraire, elle avance dans une baie profonde, et ses dépôts, qu'on peut suivre tout le long du pied méridional de l'Atlas, s'étendent loin au sud. Une Algérie s'ébauche, avec un contour qui fait supposer que la région que j'étudie était une sorte de presqu'île de terre ferme, avec la mer au nord et au sud.

Les dépôts torrentiels se sont alors accumulés dans les dépressions de la chaîne qui continuait à se former, peut-être déjà depuis l'éocène, et certainement depuis l'oligocène. A la fin de cette période, un nouveau paroxysme a accentué les mouvements tangentiels, a produit un exhaussement général des terres, et a repoussé au loin la ligne du rivage maritime. Les dépôts continentaux, cailloutis d'atterrissements, etc., déjà formés, ont été plissés, en épousant généralement les traces des anciens plis. Tantôt ils ont été redressés sur les flancs de ces derniers, tantôt ils ont réuni les extrémités de deux dômes allongés et les ont transformés en une seule et même chaîne, où un col à peine indiqué reste comme témoin du stade précédent.

Je pense que la formation, ou au moins l'ébauche des bassins fermés date de cette époque. Car, sauf peut-être pour le Hodna et les autres lacs plus orientaux, ce sont des dépôts horizontaux, et formés à partir de ce moment, qui ont rempli les dépressions au centre desquelles les chotts et les zahrez subsistent encore comme des vestiges de l'état de choses antérieur.

A l'époque miocène, de nouveaux plissements et un affaissement général de la terre ferme ont ramené la mer dans de longs golfes, allongés dans le sens général de l'Atlas Saharien ; mais ces golfes ne paraissent pas avoir pénétré jusque dans la région que j'ai étudiée. Dans celle-ci, on ne trouve, dès l'oligocène, qu'une succession très complète de dépôts torrentiels, qui continuent encore à se former de nos jours, et que nous étudierons plus en détail à la fin de ce chapitre.

§ 1er. — L'Éocène, le Suessonien

Les couches inférieures de l'éocène, sous forme de calcaires à silex, affleurent seules à l'est de Ksar-el-Hirane, dans le cercle de Laghouat. Cet affleurement est bien plus restreint que celui marqué sur la carte géologique de l'Algérie, au 1/800.000ᵉ, publiée en 1889. Il forme le petit sommet de Ras-Sidi-el-Sacher, à l'altitude de 690 mètres, et qui n'a pas quelques kilomètres carrés de surface. Les petites collines qui le composent sortent de dessous le manteau d'atterrissement quaternaire. Les couches ont un plongement de quelques degrés, au sud-est.

Je n'attribue l'âge suessonien à ce gisement qu'à cause de ses caractères lithologiques très caractéristiques, pareils à ceux des gisements suessoniens fossilifères, situés un peu plus à l'est. Et je n'en parle ici que pour être complet.

§ 2. — L'Oligocène

Dans de très nombreuses localités de la chaîne saharienne l'on trouve des témoins plus ou moins étendus de formations continentales de ruissellement, dont les couches sont plus ou moins redressées. C'est un conglomérat, à éléments de la grosseur du poing, généralement bien roulés, qui contiennent des échantillons de toutes les couches sous-jacentes, et particulièrement des grès albiens, plus résistants que les calcaires, reliés par un ciment marno-calcaire, plus rarement gréseux, et de couleur rose foncé ou rouge.

Ces conglomérats, par une continuité primitive qui paraît

certaine, se relient aux conglomérats de la province de Constantine, dont M. Ficheur (1) a démontré l'âge oligocène.

Le parallélisme de dépôts continentaux est toujours difficile ; cependant il paraît naturel d'admettre que, au moins localement, ces dépôts ont pu commencer depuis le moment d'émersion de la contrée, au début de l'éocène ; qu'ils ont eu une intensité plus grande durant l'oligocène, pendant lequel il y a eu un mouvement marqué d'émersion et de plissement. En tous les cas, la part que l'on doit attribuer au ruissellement éocène n'est pas déterminable, et par raison d'analogie avec les dépôts du bassin de Constantine, je préfère donner sur la carte l'âge oligocène à tout l'ensemble.

Ces dépôts forment trois petits lambeaux isolés dans le Djebel Amour. L'un au sommet du Dj. Haïrech, les deux autres sur les versants nord et est du Dj. Gourou. L'affleurement du versant nord du Dj. Gourou a déjà été indiqué par Pomel. Sur les feuilles « Zenina » et « Djelfa » de la carte de l'Algérie au 1/200.000°, ces poudingues oligocènes forment de vrais chaînons au Dj. Chouaïf, au Dj. Dreïma, au Dj. Deddègue et sur les flancs de la chaîne des Sahari. Enfin, on retrouve un lambeau important au sud-ouest de Ben-Yacoub. Plus au sud-est, on rencontre deux témoins qui forment les tours des Toumiat, sur la route de Moudjbara à Messaâd. Ce petit affleurement sert de trait d'union entre les puissants dépôts du Dj. Deddègue et des sommets voisins, et ceux qui s'étendent entre le bordj d'Aïn-Rich et celui de l'Oued-Chaïr, et, sur le flanc du Dj. Messaâd, entre cette dernière localité et Boussaâda. Les coupes générales (Pl. 1) montrent bien l'allure de cet étage.

A la fin de l'oligocène, le plissement s'est accusé et les dépôts d'atterrissements ont formé de vrais plis anticlinaux et synclinaux. Leurs couches ont été redressées jusqu'à un angle de 20 à 30 degrés. M. Ficheur a montré que ces dépôts sont en discordance sous les formations marines du miocène, dans les fjords du département de Constantine, où la mer est ensuite revenue en transgression.

(1) E. Ficheur. 1° *Les terrains d'eau douce du bassin de Constantine.* (Bull. Soc. géol. de France, 3ᵉ série, t. XXII, 1894, p. 544 et suiv.) — 2° *Sur les plissements dans l'Aurès et les formations oligocènes dans le Sud de Constantine.* (Comptes rendus de l'Académie des Sciences, 20 juin 1898.)

§ 3. — Le Miocène et le Pliocène

Durant le miocène et le pliocène, il s'est simplement produit une continuation des phénomènes et des dépôts de ruissellement, dans le Djebel Amour et dans les montagnes des Oulad-Nayl. Mais ces nouveaux dépôts se sont formés à un niveau inférieur à ceux de la période précédente ; ils ont donné naissance à une vaste pénéplaine. La courbe des pentes de celle-ci est très peu concave vers le ciel, sauf tout auprès des chaînes qui formaient la ligne de partage des eaux, la courbe se relevant assez brusquement, comme le fait s'observe facilement, par exemple, sur le versant nord du Dj. Haïrech, dans la chaîne qui court de Laghouat au ksar de Messaâd.

Je pense que cette pénéplaine a employé, pour se former, la longue période du miocène et une grande partie du pliocène, sans que nous puissions préciser plus exactement. Peut-être, y a-t-il eu plusieurs pénéplaines successives, dont nous ne voyons que la dernière.

Toutefois, au nord de la chaîne saharienne, les dépôts de cette pénéplaine forment les gours du pays — les gours sont des collines à tête plate, sortes de témoins de l'état passé — et se suivent sans difficulté jusque sur le versant sud du Dj. Ben-Ammade, la montagne qui domine au sud le ksar de Chellala.

J'ai retrouvé là les dépôts du miocène marin, avec des bancs pétris d'*Ostrea crassissima*. Ces dépôts marins passent latéralement aux dépôts continentaux ; ils ont été ravinés, eux aussi, après leur émersion. Leur surface fait également partie de la même vaste pénéplaine que les dépôts d'atterrissements. Les terrains continentaux de cette pénéplaine se poursuivent au sud de l'Atlas par les terrains des Dayats du Mzab. M. Rolland (1) attribue à ces derniers un âge pliocène, dans son remarquable mémoire sur la géologie du Sahara. Dans un tableau, il parallélise leur partie inférieure avec les couches du bassin de Constantine, que M. Ficheur a montrées depuis appartenir à l'oligocène. Il me semble naturel de voir dans les terrains d'atterrissements des Dayats le résultat d'un phénomène qui a

____

(1) Georges Rolland. *Géologie du Sahara Algérien*. 1 vol., 1 atlas. Imprimerie Nationale, 1890. (Voir p. 161 à 206, et tableau p. 204.)

débuté après le départ de la mer éocène, et qui s'est continué sans interruption qu'on puisse constater, jusqu'à l'époque du pliocène. Certes, il y a dû avoir des remaniements successifs par les divers cours d'eau qui se sont succédé ; mais nous ne pouvons pas saisir le détail des différentes phases du phénomène, jusqu'à la formation de cette pénéplaine pliocène, dont il reste des traces topographiques merveilleuses.

C'est un plateau d'une horizontalité parfaite, qui se marque sur l'horizon par une barre rectiligne d'une netteté absolue, et qui termine des dépôts d'atterrissements dont la base, qui, en certains points, est peut-être déjà éocène ou oligocène, doit être presque partout miocène, tandis que la portion supérieure des dépôts s'est formée durant la période pliocène. Un changement de niveau de base, dont il reste des traces importantes, s'est manifesté alors. De grands cours d'eau se sont creusé un nouveau lit et ont raviné complètement la pénéplaine pliocène, dont il ne reste parfois qu'une succession de collines à tête plate, qui témoignent de l'état de choses passé ; d'autres fois, et naturellement vers la ligne de partage des eaux, puisque l'érosion est régressive, l'on a encore sur une large surface les restes de l'ancienne pénéplaine , qui présente une falaise rapide que chaque pluie d'orage dentelle de nouvelles sinuosités.

§ 4. — Le Quaternaire

Le quaternaire ancien est déposé parfois sur de très vastes espaces, entre les collines, témoins de la pénéplaine mio-pliocène ; c'est lui qui forme les berges, hautes souvent de plusieurs mètres, des grands oueds, c'est-à-dire des grands cours d'eau.

Tandis que l'oligocène présente à sa partie supérieure un banc souvent si solide et si bien concrétionné, qu'on a parfois de la peine à reconnaître son caractère primitif de dépôts d'alluvions ; tandis que le pliocène des gours, témoins de la pénéplaine, présente toujours une croûte calcaire superficielle d'un demimètre à un mètre d'épaisseur, et souvent des dépôts de cailloutis, le quaternaire est formé par une argile grise ou une glaise brune, qui tranche par sa couleur sur les autres dépôts, qui est beaucoup plus sableuse et presque jamais concrétionnée.

Enfin, au fond de ces lits d'oueds qui peuvent atteindre plu-

sieurs kilomètres de largeur, l'on a de grands dépôts de cailloutis, parfois avec une ou deux berges locales, et très peu
hautes, qui représentent le quaternaire récent.

Dans ces dépôts du quaternaire ancien, l'on trouve une faune
de mollusques, souvent localisée et alors très abondante. La
plupart d'entre eux ont été signalés par M. G. Rolland, plus au
sud, dans les oueds du Sahara ; ce sont : *Succinea Pfefferi*,
Leucochroa candidissima, de nombreux types d'*Helix amanda*,
illibata, *melanostoma*, le *Bulimus decollatus*, des *Planorbis*
Duveyriei et *Rollandi*, des *physes*, des *limnées*, etc...

On a également trouvé des restes de *Bubalus antiquus* dans
le quaternaire de l'Oued Djelfa.

Malheureusement, si ce terrain a livré une faune abondante,
il n'en est pas de même des dépôts d'atterrissement des époques
précédentes, où l'on n'a pas encore trouvé de fossiles.

Le quaternaire récent est représenté par de vastes cônes de
déjection, horizontaux et sans épaisseur, formés dans les Dayats
ou dans d'autres bassins fermés, au point où s'y épandent, de
loin en loin, des cours d'eau presque toujours à sec. En cas de
crue, ceux-ci étalent sur d'immenses surfaces leurs eaux char-
gées de limon sableux. Après l'orage, le soleil reparaît, les eaux
s'évaporent, le limon reste et forme un dépôt de quaternaire
récent. Enfin, dans les formations de cet étage, il faut encore
citer les collines de dunes. Tous ces terrains d'atterrissement
obéissent à la loi de dépôt « per descensum, » si bien mise en
lumière par M. Éd. Suess.

Les plus élevés, dont les couches ont été relevées par un
plissement, sont au moins d'âge oligocène. A un niveau inférieur, ceux du miocène et du pliocène forment des collines à
tête plate. Plus bas encore, entre les collines, un nouveau relief
horizontal représente le quaternaire ancien. Enfin, cet étage est
entamé plus ou moins profondément, et, au même niveau que
sa partie inférieure, l'on trouve le quaternaire récent, qui occupe
des fonds d'oueds larges souvent de quelques cents mètres
jusqu'à quelques kilomètres. *(Voir pl. III)*.

DEUXIÈME PARTIE

TECTONIQUE ET DESCRIPTION GÉOLOGIQUE DÉTAILLÉE

INTRODUCTION

Le grand Atlas, après la monotone traversée de la vaste plaine des chotts et des zahrez, forme la dernière barrière qu'on rencontre avant d'atteindre une plaine plus vaste encore, la plaine infinie du Sahara. Cette chaîne de montagnes ne présente pas de sommets avec des contreforts qui s'en détachent et des vallées qui s'enchevêtrent et qui se branchent, à mesure qu'on les remonte. Non ; c'est une série de crêtes arides, distribuées plus ou moins régulièrement sur d'immenses plateaux.

Tandis que vers l'est, les grandes plaines dominent, coupées par de longues crêtes, sortes de murailles naturelles qui se profilent à perte de vue, le long de l'horizon plat, dans le Djebel Amour les plaines se resserrent, les chaînons montagneux augmentent et forment alors une suite de sommets, les plus élevés de la chaîne. A travers les plateaux rocheux, les rivières se sont creusé des ravins profonds et encaissés, de véritables cañons. Ces cañons mènent au désert par un couloir étroit, qui cesse brutalement dans la plaine du Sahara, au débouché de la montagne.

Plus à l'est, dans les monts des Oulad-Nayl, qui forment les cercles de Djelfa et de Laghouat, dans le Sud Algérien, et celui de Bousaâda, les grandes plaines s'épanouissent à nouveau, toujours coupées par de longues crêtes montagneuses, arides.

Et l'aspect topographique fait déjà pressentir que ce pays, à cachet si particulier, est une contrée où les chaînes de montagnes sont encore au stade de formation ; où le plissement est resté à l'état d'ébauche ; en un mot, que c'est une contrée type pour une étude d'embryogénie tectonique.

Le Djebel Amour étant assez différent des montagnes des Oulad-Nayl, et formé par d'autres plis, nous subdiviserons, pour plus de clarté, notre description régionale en ces deux parties.

LÉGENDE COMMUNE A TOUTES LES COUPES

q a, Quaternaire ancien. — **m p**, Mio-Pliocène. — **S**, Sénonien. — **T**, Turonien. — **C**, Cénomanien. — **A**, Albien. — **U**, Urgo-Aptien. — **N**, Néocomien. — **J**, Jurassique supérieur. — **F**, Points fossilifères. Consulter la Carte Céologique de l'Algérie à 1 : 800.000ᵉ, 3ᵉ édition, 1900.

CHAPITRE VI

Le Djebel Amour

Les montagnes du Djebel Amour forment un nœud orographique de premier ordre, et constituent une sorte de vaste amygdale de plis assez individualisés ; ils enserrent une large cuvette synclinale, au centre de laquelle est placé le poste militaire d'Aflou. Près des sources de l'Oued Sidi-en-Nasseur, les plis septentrionaux, qui avaient une direction nord-est sud-ouest, droit au nord d'Aflou, s'incurvent fortement et tendent à prendre une direction nord-sud. C'est ce que fait la chaîne de l'Eurried. En même temps, le grand anticlinal à cœur jurassique qui forme la chaîne méridionale, tend à prendre une direction plus est-ouest et se rapproche beaucoup de la chaîne anticlinale de l'Eurried, à l'est du ksar de Ghassoul. C'est là l'une des extrémités de l'amygdale. Le pli méridional, plus loin à l'est, devient un pli du centre de la chaîne, au parallèle d'Aïn-Bou-Chekoua. Là encore, par suite de la naissance, dans le désert, de plis obliques à la direction générale de la chaîne, comme, par exemple, le Djebel Lazereg, il se rapproche beaucoup du pli septentrional ; mais c'est alors lui qui s'incurve du sud au nord, enfermant presque ainsi l'amygdale des plis multiples qui constituent le Djebel Amour, comme le montre la carte tectonique.

Si nous faisons une coupe perpendiculaire à l'ensemble de la chaîne, nous trouvons successivement les plis suivants :

La chaîne du Dj. Tamedda et du Dj. Alleg ;

La chaîne du Dj. Mriress au Dj. Sidi-Bou-Zid ;

Les montagnes du Guern-Arif et de l'Obka ;

L'anticlinal allongé de Sidi-Bou-Lefa, qui borde la plaine d'Aflou et se termine à l'est, au Dj. Gourou ;

Le synclinal d'Aflou ;

L'anticlinal complexe de Taouïala, du Dj. Zlag et du Dj. Mehasseur ;

Les plateaux des Gadas ;

L'anticlinal d'El-Richa et le synclinal qui le borde au sud ;

La chaîne méridionale du Kef Guebli au Dj. Bou-Chekoua.

Nous allons consacrer un paragraphe spécial à chacun de ces plis. *(Voir pl. I)*.

§ 1er. — LA CHAÎNE DU DJEBEL TAMEDDA AU DJEBEL ALLEG

Elle forme comme le dernier contrefort, au nord, des plis du Dj. Amour, avant la grande plaine des Zahrez. C'est une large voûte surbaissée, constituée par les étages du cénomanien et du turonien. Souvent, ce dernier étage a été enlevé par l'érosion, et les couches cénomaniennes forment alors des collines aux pentes infiniment douces et difficiles à distinguer d'une ligne d'horizon vaguement ondulée. Dans cette chaîne, le refoulement, faible, n'a guère redressé les couches à plus de 20 ou 30 degrés.

Vers l'est, les deux sommets du Dj. Tikialine et du Dj. Ouzadia sont formés par le cénomanien seul.

Puis la chaîne disparaît momentanément sous les dépôts d'atterrissement. Au Kef Tamedda, le turonien est en partie conservé ; ce piton, couronné par les restes pittoresques d'un ksar en ruine, habité seulement par les chacals, est formé par un abrupt de calcaires turoniens ; il s'élève au centre d'une vaste cuvette circulaire, creusée dans les marnes gypseuses du cénomanien et entourée par un cercle excentrique dont la crête abrupte montre la tranche des bancs calcaires du turonien, qui plongent vers l'extérieur du cirque, comme le montre la coupe suivante :

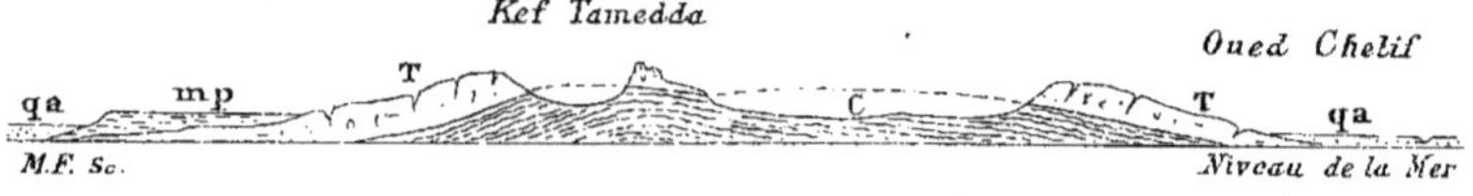

Fig. 2. — *Profil par le Kef Tamedda.*

Au pied du Kef Tamedda, juste au-dessous du marabout de Sidi-Ben-Adda, un gisement fossilifère m'a donné des restes d'huîtres. En ce point, le gypse cénomanien forme des bancs importants. Un peu plus loin, vers l'est, le pli s'enfonce de nouveau, et le centre de la voûte turonienne affleure seul au

passage de la route d'Aflou à Tiaret, et forme à l'est de celle-ci
le Kef Djahfa. Vient une légère interruption momentanée ; le
pli passe sous la dayat d'El-Gossar. Au delà, s'élève la chaîne
importante du Dj. Alleg. Le Dj. Alleg est un hémicycle allongé ;
il forme une sorte de vasque synclinale, fermée à l'ouest,
ouverte à l'est. Mais les couches y sont à peine inclinées de 10
à 15 degrés, au plus. Le cours d'eau qui a profité de cette vallée
synclinale a creusé son lit plus profondément que l'épaisseur
du turonien, jusque dans le cénomanien, et a amené ainsi le
cœur de ce synclinal à être marqué par la teinte d'un terrain
plus ancien que celui des bords, comme le montre la série des
profils suivant :

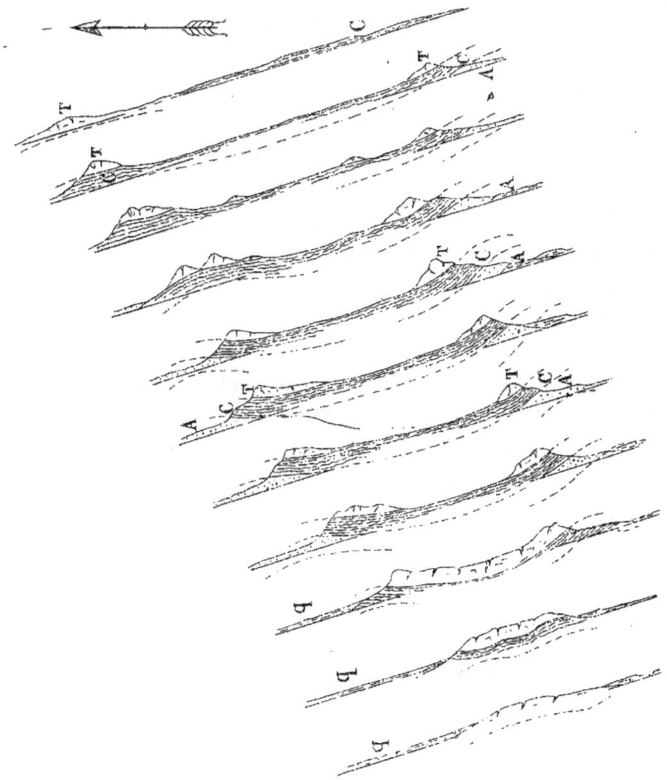

Fig. 3. — *Profils à travers la cuvette synclinale du Djebel Alleg.*
(Échelle 1/200.000ᵉ, hauteurs triplées.)

Le revers nord du cirque de l'Alleg se continue de l'autre côté du Chelif, appelé ici l'Oued Touil, dans le Dj. El-Harcha, formé par les couches du turonien, comme l'indique son profil accusé fortement. Le pli disparaît sous les terrains d'alluvion avant d'atteindre les grandes dayats (El-Bouib, Oum-Chegag, El-Botina), que traverse la route de Taguin à Zenina. Plus loin, à l'est, on trouve deux témoins isolés qu'on peut, je crois, rattacher à cette chaîne. C'est le Dj. Gourine, cénomanien et turonien, qui se trouve à l'extrémité sud-ouest du Zahrez Rharbi, et le Dj. Goudjaï, situé entre les Zahrez Rharbi et Chergui ; il est formé par le turonien. Les sommets de cette chaîne ont des altitudes variant de 1,200 à 1,400 et quelques mètres. La plaine forme une table légèrement inclinée vers l'est, d'une altitude variant entre 1,000 et 1,100 mètres.

§ 2. — La chaîne du Djebel Mriress au Djebel Sidi-Bou-Zid

Cette chaîne anticlinale importante est formée par les calcaires bien lités de l'urgo-aptien ; ils se redressent en sortant de dessous les grandes dalles horizontales de grès albiens qui forment les plaines environnantes.

L'érosion a atteint, au pied de la chaîne cénomanienne du Dj. Tamedda, les couches gréseuses albiennes du soubassement. Celles-ci reprennent bientôt leur horizontalité dans la grande plaine de l'Oued Chélif, appelé en ce point l'Oued Berkane, pour se redresser très brusquement sur le flanc de la chaîne du Dj. Mriress.

Cet anticlinal, qui commence à l'est de Stitten, se continue sur la feuille « Chott-el-Chergui » de la carte de l'Algérie au 1/200.000°, par les crêtes allongées et si bien marquées dans la topographie du Dj. Chaoua et du Dj. Tkisset. Sur la feuille « Aflou, » l'on trouve à leur suite, vers l'ouest, la crête du Dj. Mriress. Toutes ces crêtes sont formées par les calcaires de l'urgo-aptien, très fortement redressés. L'axe du pli descend, en profondeur, à peu près à la traversée de l'Oued Berkana, et, durant quelques kilomètres, l'on ne peut suivre sa trace que d'une manière approximative et grâce aux ondulations des couches de grès albiens. Sur ce parcours, l'axe du pli fait une légère inflexion vers le sud. Il reparaît alors de nouveau, marqué par l'étage inférieur des calcaires urgo-aptiens qui constituent l'arête du Kef El-Kerrouch, et bientôt s'épanouissent dans le Djebel El-Aouidja, que traverse la route d'Aflou à Tiaret. Sur le versant nord du Dj. Aouidja, j'ai recueilli de nombreux fossiles urgo-aptiens : *Terebratula sella* et *Ostrea Eos*. Sur le flanc de l'anticlinal, on trouve des replis secondaires coudés en genou, ou même ayant une tendance à se déjeter vers l'extérieur. Ce même phénomène s'observe dans la chaîne anticlinale la plus méridionale.

Puis, à mesure qu'on avance vers l'est, le pli s'élargit et des couches de plus en plus profondes y apparaissent. C'est d'abord les grès du néocomien, au Dj. Djaïffa, et même le jurassique, au cœur de la coupure que s'y est creusé l'Oued El-Melah. Au point où elle pénètre dans la chaîne, la coupure de l'Oued El-Melah traverse des poudingues oligocènes, signalés depuis longtemps par Pomel. Ces couches du jurassique présentent encore plus d'importance un peu au delà de l'Oued El-Melah, et ce sont elles qui forment l'arête culminante du Dj. Sidi-Bou-Zid (1,503 mètres), un des plus hauts sommets du massif. Le Mesle y a trouvé de nombreux fossiles, qu'on peut voir dans la collection qu'il a léguée au Muséum d'histoire naturelle de Paris. J'ai retrouvé moi-même la plupart des espèces recueillies par Le Mesle. Ce sont : *Terebratula subsella, Ceromya excentrica, Ostrea solitaria, Natica marcousana*, des *lima* et des *pecten*.

Sur les flancs du pli, qui a alors plus de cinq kilomètres de largeur, et jusqu'aux terrains d'atterrissement étalés au pied de la montagne, on rencontre les étages du néocomien, de l'urgo-aptien, de l'albien et même du cénomanien, sur le flanc nord. Plus loin, en continuant vers l'est, le pli plonge assez brusquement sous les terrains d'atterrissement mio-pliocènes de la grande plaine qui s'étend jusqu'à Zenina.

C'est sur une falaise de ces terrains d'atterrissement, dont la partie supérieure est fortement cimentée, que se trouve bâti le ksar de Sidi-Bou-Zid.

En étudiant les montagnes des Oulad-Nayl, nous verrons que le pli du Dj. Sidi-Bou-Zid a sa suite au Dj. Serdoun, anticlinal situé au nord-est de Zenina, et que les deux plis sont réunis par

un anticlinal formé par les couches continentales de l'oligocène, qui forment la crête du Dj. Chaouif.

§ 3. — LES MONTAGNES DU GUERN-ARIF ET DE L'OKBA

Dans la chaîne de l'Atlas Saharien, les anticlinaux sont en
général très bien accusés, et les couches y sont fortement
redressées. Au contraire, les synclinaux qui séparent ces plis
sont peu marqués et forment plutôt un palier qu'un pli, en
forme de chevron renversé, avec un point précis de changement
d'inclinaison des couches. Cependant, les terrains les plus
récents sont très souvent conservés dans ces paliers synclinaux ;
mais c'est alors sous forme de gours, de témoins conservés par
l'érosion, qui dominent souvent de toute la hauteur de leurs
cimes sauvages les rides anticlinales qui courent à leurs pieds.
Tel est le cas de la chaîne qui, du Guern-Arif par le Djebel
Oum-el-Guedour, aboutit à l'Okba, et qui domine de 400 à
500 mètres la contrée environnante. *(Pl. I. Coupe n° V)*.

Au-dessus des grès albiens, reposent les couches du cénomanien, que couronne le mur perpendiculaire des calcaires turoniens.

Les étages du crétacé supérieur forment deux affleurements
séparés ; l'un d'eux constitue la crête du Guern-Arif au Djebel
Oum-el-Guedour, l'autre forme le Dj. Sidi-Okba, au sommet
duquel se trouve un poste optique, à 1,707 mètres d'altitude. Le
Guern-Arif, qui a 1,721 mètres d'altitude, est le sommet le plus
élevé des montagnes que j'ai étudiées. On trouve sur son versant
méridional des dépôts qui semblent s'être formés dans un lac
local et peu étendu.

Sur le flanc du Dj. Sidi-Okba, on trouve dans le cénomanien,
et près d'un four à plâtre, des moules de bivalves indéterminables. Les indigènes y utilisent le gypse du cénomanien dans
deux ou trois fours.

Le synclinal que nous étudions commence sur la feuille
« Géryville » de la carte de l'Algérie au 1/200.000ᵉ, et se continue sur celles de « Chott-el-Chergui » et d'« Aflou » par une
vaste plaine où affleurent les grès albiens, entre des crêtes
anticlinales du Dj. Mriress et du Dj. Eurried, et se poursuit

ainsi jusqu'au Dj. Guern-Arif. A l'est de l'Okba, le synclinal n'est plus marqué également que par les couches des grès albiens, entre deux crêtes que forment deux anticlinaux parallèles, dans les calcaires urgo-aptiens.

§ 4. — L'ANTICLINAL DE SIDI-BOU-LEFA
ET LE SYNCLINAL D'AFLOU

Le très large synclinal d'Aflou, peu accentué d'ailleurs, se trouve limité au nord par une chaîne anticlinale ; celle-ci passe successivement d'une voûte très large à une arête étroite, et où le chevron très accusé fait un angle aigu.

Ce pli débute à la partie sud-ouest de la feuille « Aflou » par un épanouissement entre le Kef Eurried, continué par le Kef Brida, et l'arête opposée du Djebel Oum-el-Retem ; il a alors plus de cinq kilomètres de large. Au Kef Brida, j'ai trouvé *Terebratula sella* en abondance. Le pli se rétrécit ensuite, et les calcaires de l'étage urgo-aptien n'affleurent pas même sur un kilomètre de largeur, au Kouifat-er-Rmel ; puis un léger épanouissement se manifeste au Dj. Djchaïfa, au pied sud du Guern-Arif.

Au delà de la plaine quaternaire de l'Aïn Sebgague, le pli se poursuit à l'est, avec une largeur assez constante d'un à deux kilomètres. En un point, au Dj. Zeg, la voûte est entamée et s'ouvre momentanément jusqu'aux couches alternativement marno - calcaires et gréseuses du néocomien ; mais elle se referme bientôt. Un peu plus loin, à Dalaâ-Sefra, les calcaires urgo-aptiens sont recoupés et légèrement altérés par des pointements ophitiques que j'ai étudiés au chapitre Ier. Enfin, à l'est de la crête d'El-Djder, un peu au sud de Sidi-Bou-Zid, le pli disparaît sous la grande plaine des alluvions mio-pliocènes.

On trouve une série de gisements de fossiles, le long de cette crête anticlinale. Près du marabout de Sidi-Bou-Lefa, c'est-à-dire près du tombeau du saint de ce nom, l'on trouve : *Ostrea Eos* Coq. et *Ostrea tisiphonæ* Coq., et *Terebratula sella* en abondance. Ce dernier fossile est également fréquent près d'Aïn-Dreg, sur la route d'Aflou.

Au Khreneg-ed-Dib, on trouve un banc pétri d'*Orbitolina*

lenticularis, de *Terebratula sella* et de nombreux restes d'oursins, malheureusement presque toujours en mauvais état ; presque partout, on ramasse également des moules de bivalves indéterminables.

Le synclinal d'Aflou est une cuvette large de cinq à dix kilomètres, et cinq à six fois plus étendue en longueur ; il est exclusivement constitué par des grès sans fossiles, en grandes dalles, très légèrement inclinées de part et d'autre vers le centre du synclinal. Entre deux bancs gréseux plus rigides, hauts de dix à trente mètres en moyenne, se trouvent presque toujours des couches marno-gréseuses, beaucoup moins résistantes à l'action des eaux torrentielles. Aussi le paysage est-il, presque partout, celui d'une longue plaine représentant la partie centrale du pli, où les dalles des grès albiens sont horizontales, ou à peu près, flanquée de part et d'autre d'une série de petites vallées successives, parallèles et régulièrement alignées du sud-ouest au nord-est. Ces vallées présentent une pente douce vers l'axe du synclinal, et un abrupt souvent infranchissable du côté extérieur, comme le montre le croquis ci-contre.

Les eaux s'accumulent au fond de ces petites vallées, où de nombreux troupeaux de moutons pâturent une herbe grasse, et où l'on voit même, de loin en loin, des champs de blé ou d'avoine. Les crêtes sont presque toutes couronnées par le feuillage sombre des pins d'Alep. Dans la plaine centrale, on n'aperçoit que l'alfa, dont les touffes innombrables s'alignent à perte de vue.

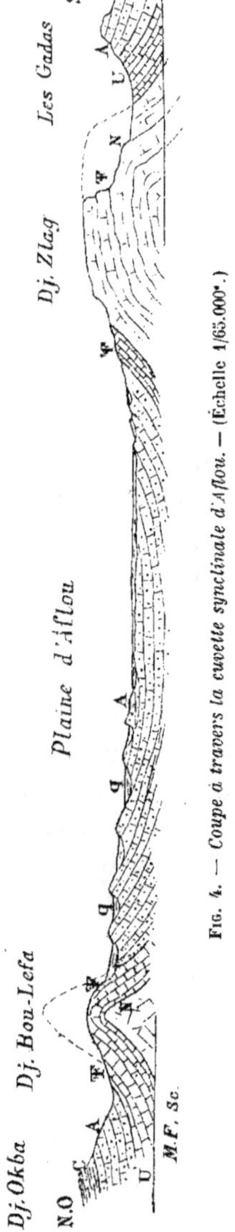

Fig. 4. — *Coupe à travers la cuvette synclinale d'Aflou.* — (Échelle 1/65.000°.)

Près de l'Aïn Aflou, les grès albiens contiennent des traces de végétaux, et même un ou deux troncs d'arbres silicifiés, assez beaux, malheureusement sans détermination possible. Le synclinal d'Aflou prend naissance dans la région des plaines d'El-Guenater, qui s'étend entre la chaîne de l'Eurried et la chaîne la plus méridionale du Kef Guebli, le Dj. Touila, c'est-à-dire à l'extrémité sud-ouest de l'amygdale des plis ; il se poursuit normalement jusqu'au delà d'Aflou et se termine d'une façon assez particulière au Dj. Gourou.

Le Dj. Gourou est une montagne formée par les couches du cénomanien et du turonien ; il s'élève comme un gour — comme un témoin — de 1,706 mètres d'altitude, à l'extrémité orientale du synclinal ; plus loin, les couches se relèvent, et l'anticlinal méridional, qui fait un grand crochet au nord, ferme et termine là le synclinal d'Aflou. Du sommet du Dj. Gourou, on voit dans l'éloignement toutes les crêtes, formées par les couches de plus en plus inférieures des grès albiens, et enfin par les calcaires de l'urgo-aptien, tourner autour de la montagne et s'enfoncer sous le pied de celle-ci comme les pétales d'une rose épanouie.

Sur le versant nord du Dj. Gourou, des pointements ophitiques ont percé les grès albiens en plusieurs endroits, situés à droite et à gauche de la piste qui conduit d'Aflou à Sidi-Bou-Zid.

§ 5. — L'ANTICLINAL COMPLEXE DE TAOUÏALA, DU DJ. ZLAG ET DU DJ. MEHASSEUR

Dans la chaîne de l'Atlas Saharien, où les plis sont souvent très courts et où l'on rencontre des dômes et des cuvettes synclinales, la topographie est très particulière et adéquate à cette allure des couches.

Les bassins de réception, très individualisés, forment des hémicycles parfaits. Le Dj. Alleg est un exemple d'un bassin de réception semblable, formé par une cuvette synclinale. Le cirque de Taouïala montre une topographie analogue, mais au cœur d'un anticlinal évidé. La crête urgo-aptienne qui s'étend d'Aïn-Ramadane, par Gadet-el-Djedar et Dj. Teniet-el-Harar, au Dj. Rgaïg, constitué par les grès albiens, forme un demi-cercle parfait de 4 kilomètres de diamètre ; une falaise abrupte domine, de 200 à 250 mètres, la plaine où est construit le ksar de Taouïala ; elle présente, par sa tranche, des couches qui, sur l'autre versant de la crête, montrent leur surface doucement inclinée vers l'extérieur du bassin de réception. C'est la même topographie que celle que donnerait un cratère évidé, dont la base serait considérable, comparée à sa hauteur. Ces bassins de réception cratériformes sont un des traits les plus curieux de la topographie de ces montagnes. J'aurai encore à en signaler plusieurs exemples au Dj. Bou-Chekoua, au Dj. Tadmit et au Dj. Merket. L'anticlinal qui plonge si brusquement en profondeur, un peu au delà de Taouïala, commence sur la feuille « Géryville » et atteint celle d' « Aflou » au Dj. Rakna.

Après le Dj. Teniet-el-Harar, où il est bien représenté par un plissement accusé qui a amené au jour les calcaires urgo-aptiens, l'axe anticlinal se manifeste par une série d'ondulations qui ont faiblement soulevé les couches puissantes des grès albiens, en une suite de petits dômes, avant d'atteindre une nouvelle accentuation beaucoup plus importante au Dj. Chebka. Les calcaires de l'étage urgo-aptien y réapparaissent sur une grande surface. Ils forment une colline légèrement allongée, mais sur les flancs de laquelle les couches offrent une suite de plongements périclinaux, d'une régularité géométrique. La couverture des grès albiens continue avec la même allure dans les couches supérieures ; ils n'affleurent pas au jour, sauf du côté de la plaine du marabout de Sidi-Rhal, envahie par les terrains d'atterrissement.

Sur le versant nord du Djebel Chebka, près d'Aïn-Fourène, deux pointements ophitiques ont traversé les calcaires urgo-aptiens, qui, non loin de là, m'ont fourni *Terebratula sella* et *Orbitolina lenticularis*, et des moules de bivalves en grande abondance. Dans la plaine de Sidi-Rhal, et, par conséquent, sur le passage de l'axe anticlinal que nous étudions, se trouve un pointement de sel gemme, mêlé intimement de gypse et d'ophite.

De l'autre côté de la plaine quaternaire, le pli prend brusquement une très grande ampleur. L'axe s'est relevé de façon si soudaine que l'anticlinal, très large, s'ouvre tout de suite jusqu'au néocomien, dont les couches de grès vont former le sommet du mont principal, le Dj. Zlag (1,593 mètres). Le jambage nord du pli est plus fortement redressé que le jambage sud. Le pli atteint en ce point plus de dix kilomètres de largeur. Il se dédouble un peu plus loin et forme deux axes anticlinaux parallèles au Dj. Haïrech et au Dj. Chebket-Azelarh. Entre le Dj. Zlag et le Chebket Azelarh, au passage de l'Oued Mzi, se trouve une grande plaine quaternaire, au centre de laquelle j'ai à signaler un pointement de sel gemme et de gypse.

Les sommets du Dj. Haïrech et du Chebket-Azelarh sont formés par les couches du néocomien, séparées par un synclinal de calcaires urgo-aptiens qui constitue la crête intermédiaire du Dj. Sba-Massine. L'extrémité du pli méridional forme le sommet de Raget-Draâ-Halfa, où j'ai trouvé des *nérinées*, ainsi que *Terebratula prælonga* et *Pterocera pelagi*.

Au sommet du Dj. Haïrech, on trouve quelques blocs d'un conglomérat à gros éléments, bien roulés et sans fossiles; auquel j'attribue, par raison de facies et de continuité, l'âge oligocène. Si cette hypothèse est exacte, ce témoin prouverait l'importance et l'ampleur des plissements post-oligocènes dans le Dj. Amour.

Tandis que le pli anticlinal du Chebket-Azelarh s'enfonce en profondeur et ne se poursuit plus dans la grande plaine de Bled-el-Mahdi, aux dalles de grès albiens, l'anticlinal septen-trional du Dj. Haïrech devient plus aigu et fait en plan un brusque crochet au nord, vers le Dj. Kranoufa ; il ferme ainsi la cuvette synclinale d'Aflou, à l'est du Dj. Gourou. En même temps, et de l'autre côté de cette crête, s'élève le dôme du Dj. Mehasseur, qui semble avoir joué là le rôle de pilier résistant. Le Dj. Mehasseur est un dôme d'une régularité parfaite, dont le cœur néocomien est entouré d'une auréole de calcaires de l'urgo-aptien. Très près du contact avec les couches de cet étage, les grès albiens également redressés reprennent leur allure horizontale. Ce sont eux qui forment le soubassement de la grande plaine de Zenina, couverte d'alluvions mio-plio-cènes, et dans laquelle vont se perdre les plis que nous venons d'étudier. Ils y sont pris en écharpe et remplacés par le grand anticlinal méridional de l'amygdale du Djebel Amour, tandis qu'au sud-ouest, au contraire, ils en étaient séparés par la cuvette synclinale des Gadas, dont nous allons nous occuper maintenant.

Fig. 5. — *Coupe à travers les Gadas et l'anticlinal de la chaîne méridionale.* (Échelle 1/65.000e).

§ 6. — LES PLATEAUX DES GADAS

Entre l'anticlinal que nous venons d'étudier et le grand pli anticlinal complexe de la chaîne la plus méridionale, se trouve une région dont la géologie est très simple, mais d'une topographie étrange. Ses sites, merveilleux de pittoresque, en ont fait l'éden féerique de la légende arabe.

Les Gadas occupent une vaste cuvette synclinale, dont tout le fond est horizontal. Mais comme ce plateau est situé dans la partie la plus élevée de la chaîne, le point où les grès se coudent, sur le flanc des deux anticlinaux latéraux, est à une altitude très supérieure à celle du niveau de base des cours d'eau. Aussi ces derniers ne se sont-ils pas contentés de couler sur le fond de la cuvette de grès, comme c'est le cas dans la plaine d'Aflou. Non, ils se sont creusé des lits profonds, de véritables canons, et ont transformé cette vasque synclinale en des « Causses » aux grandes dalles de grès. Tout un régime hydrographique souterrain donne naissance à quelques sources pérennes, dont l'eau, d'une limpidité exquise, baigne des arbres splendides. Une végétation forestière de pins d'Alep, de pistachiers sauvages et d'autres arbustes vigoureux, couvre les crêtes de ces Gadas, dont les falaises à pic, de 80 à 120 mètres de hauteur, dominent les vallées encaissées. La cuvette des Gadas est large de dix à douze kilomètres, longue d'une trentaine de kilomètres. Le relèvement des couches en demi-cercle est remarquable à l'extrémité sud-ouest, où deux arêtes concentriques forment le Dj. Medbouha et le Dj. Onkal, en s'appuyant contre le dôme anticlinal du Dj. Chebka. Vers l'est, les couches, devenues horizontales, vont se confondre avec celles qui terminent le pli anticlinal de Raget-Draâ-Halfa, en s'étalant dans la vaste plaine de Zenina.

§ 7. — L'ANTICLINAL D'EL-RICHA ET LE SYNCLINAL QUI LE BORDE AU SUD

Les Gadas ont leurs tables de grès horizontaux qui subissent un redressement brusque au contact du pli anticlinal qui leur succède au sud, et qui amène au jour les calcaires urgo-aptiens ; ceux-ci commencent à affleurer sur la feuille d' « Aïn-Mahdi » de la carte de l'Algérie au 1/200.000ᵉ, où ils sont séparés de ceux de l'anticlinal de Taïouala par une bande de grès albiens, large de près de dix kilomètres, aux ondulations assez marquées. Le pli anticlinal que je décris subit un épanouissement dans la crête d'Er-Rihe (1,461 mètres), juste en face du dôme du Dj. Chebka. C'est sur ces deux montagnes que s'appuie l'extrémité relevée de la cuvette des Gadas. Sur la crête d'Er-Rihe, j'ai rencontré en abondance *Orbitolina lenticularis, Ostrea Eos* et des fragments d'oursins. Au delà d'Er-Rihe, le pli diminue de largeur ; plus loin, après avoir légèrement obliqué vers le nord-est, il se termine au Dj. Zeireg et dans la chaîne d'Aouinet-el-Hamir, qui émerge de la grande plaine d'atterrissement de Zenina. Un synclinal, formé par les couches de grès albiens, sépare ce synclinal du grand anticlinal méridional de la chaîne du Kef Guebli, dont nous allons nous occuper maintenant.

§ 8. — LA GRANDE CHAÎNE MÉRIDIONALE DU KEF GUEBLI AU DJEBEL BOU-CHEKOUA

En face de la plaine immense du Sahara, s'élève la plus considérable des chaînes anticlinales ; elle a plus de 80 kilomètres de longueur et une largeur qui dépasse 20 kilomètres en certains endroits, comme au passage de la route qui mène d'Aïn-Mahdi à El-Richa, par exemple.

Cette chaîne anticlinale est formée par les dépôts du jurassique, repliés au centre en deux anticlinaux au Kef Merkeb et au Dj. Zemla, flanqués de part et d'autre et séparés entre eux par les couches du néocomien. Les calcaires urgo-aptiens forment les deux jambages extérieurs de ce pli. Celui-ci prend naissance au delà du Dj. Guebli, vers l'est. Puis il se dédouble en deux anticlinaux centraux marqués d'abord par des replis dans les couches gréseuses et les calcaires du néocomien. Bientôt ces deux plis s'ouvrent jusqu'au jurassique et vont former respectivement les sommets du Kef Merrakeb et du Dj. Zemla, au point où la chaîne pénètre sur la feuille « Aflou ». En ce point un torrent qui coule parallèlement à la direction de la chaîne et entre ces deux sommités, suit le synclinal intermédiaire jusqu'à une cluse transversale qui correspond à un abaissement pareil des axes des plis. C'est cette cluse qu'emprunte la route d'Aïn-Mahdi à El-Richa ; à la traverse du pli méridional, la vallée s'est évasée et l'on voit des dépôts d'alluvions puissantes qui ont le caractère des dépôts d'alluvions fluvio-lacustres.

Mais je n'ai pas trouvé de fossiles, et rien ne permet de fixer l'âge de ces dépôts qui ont pu se former entre les époques de l'éocène et du quaternaire ancien.

Les plis du jurassique se ferment un peu après avoir atteint la cluse par laquelle l'Oued Mzi traverse la chaîne. M. Péron, dans sa géologie de l'Algérie, indique, page 54, des *avicules* et des *ceromyes*, dans le jurassique du Kef Merkeb. On trouve également au Kheneg de Seklafa, *Ceromya excentrica*, des *encrines*, *Rhabdocidaris Durandi*, et des *trigonies* d'espèces indéterminables.

Le néocomien est très développé, et a donné là, au Dj. Seklafa, et au Dj. Mdaouer, une série de fossiles, tels que *Terebratula prælonga, Echinobrissus Durandi*, et des bancs de *polypiers*.

Le pli continue au nord-est, en se rétrécissant. Au Dj. Deddaba, M. Péron a signalé *Cidaris Maresi, Echinobrissus Durandi, Bothriopygus Meslei* et *Bothriopygus Trapeti, Terebratula prælonga*, et *Ostrea Eos* ; M. Pierredon en a rapporté *Cidaris Maresi*.

Sur le flanc du pli anticlinal sont des replis secondaires

coudés en forme de genou, dont nous reparlerons dans· le chapitre IX.

L'axe du pli s'abaisse ; le néocomien s'enfonce en profondeur au Dj. Bou-Chekoua, où il forme en topographie un hémicycle identique à celui que j'ai signalé à Taouïala ; mais cette fois-ci, l'arête de la muraille en demi-cercle est formée par les couches du néocomien. Celles de l'urgo-aptien leur forment une ceinture qui prolonge un peu plus loin l'axe du pli qui nous occupe.

Les couches deviennent de plus en plus horizontales et sont bientôt recouvertes par les grandes dalles uniformes des grès albiens qui s'étalent dans la plaine, au milieu de laquelle elles surgissent dans les Garas de Guentra et d'Oum-el-Guemel.

Un anticlinal mal accusé près de Tadjemount, légère ondulation des couches de la grande plaine et une partie en cuvette synclinale vers El-Haouita séparent les plis du Djebel Amour des monts des Oulad-Nayl. Nous en parlerons dans le prochain chapitre qui va être consacré à la description de ces dernières montagnes.

CHAPITRE VII

Les montagnes des Oulad-Nayl

———

Le second faisceau montagneux que j'ai étudié constitue les montagnes des Oulad-Nayl. Celles-ci sont de longues crêtes qui coupent de vastes plaines et l'on n'y trouve pas de nœud central bien marqué autour duquel tout converge, comme dans le Djebel Amour.

L'on peut y distinguer, d'une manière générale, trois parties ; l'une au nord, plus étroite, formée de plis plus aigus, plus serrés, constitue la prolongation virtuelle du faisceau des plis du Djebel Amour. La grande cuvette synclinale de Djelfa forme la seconde partie. Les plis au sud de celle-ci forment un nouveau faisceau, une sorte de nouvelle amygdale, qui, peu à peu, va se substituer à la précédente vers Slim, à l'extrémité nord-est de la cuvette de Djelfa ; au nord de Slim, cette amygdale formera à elle seule toute la chaîne dans la région de Bous-saâda, où ainsi l'on ne trouvera que les plis d'un faisceau plus oriental que celui du Djebel Amour.

Les plis qui, au nord de la cuvette de Djelfa, constituent la suite ce ceux du Djebel Amour sont :

L'anticlinal du Dj. Serdoum au Dj. Sahari ;

L'anticlinal du Dj. Ougtaïa et le synclinal de l'Oued Slimane ;

L'anticlinal du Dj. Haouas.

Après l'étude de la cuvette synclinale de Djelfa et des plis de Tadjmount et d'El-Haouïa le faisceau des plis méridionaux nous fournira l'étude des chaînes suivantes :

Le Dj. Lazereg ;

Le Dj. Milok ;

Le Dj. Merguet et le Dj. Zaccar ;

Le Dj. Guedid et le Dj. Bou Khaïl ;

Le Dj. Dakla et le Dj. Messaâd ;

Nous allons décrire en détail chacun de ces plis.

§ 1. — L'ANTICLINAL DU DJEBEL SERDOUM AU DJEBEL SAHARI.

Ce pli, très important et bien marqué, peut être regardé comme la prolongation vers l'est de la chaîne de Sidi-Bou-Zid ; il est relié avec celle-ci par un repli peu accusé que forment les dépôts continentaux de l'oligocène au Dj. Chaouaïf. Le pli a été entamé fortement sur son versant sud par les affluents de l'Oued Melah, comme le montre la planche III.

Au delà de la vallée de l'Oued Melah, occupée par les dépôts des alluvions récentes, un peu au nord de Zenina, l'on voit l'anticlinal débuter par un bombement très remarquable des grès albiens au Dj. Serdoum. Plus loin l'axe des plis s'abaisse et ce dernier n'est plus marqué que par une crête en dos d'âne, dont le sommet est occupé par le turonien et le soubassement par les gypses et les calcaires du cénomanien au Djerf-el-Baïa.

Près de Charef affleurent à nouveau les grès albiens ; mais ceux-ci ne sont visibles que sur le revers septentrional de la chaîne.

Le ksar de Charef est bâti sur les terrains d'alluvions miopliocènes, très fortement cimentés à la partie supérieure, comme c'est le cas plus à l'ouest au ksar de Sidi-Bou-Zid.

Plus loin, la crête du Dj. El-Ouacha présente les caractères décrits pour le Djerf-el-Baïa, mais la crête turonienne est plus fortement entamée sur le versant nord, et le dos d'âne moins marqué ; l'ensemble des couches du versant sud plonge dans la même direction, avec une pente moins forte que celle de la montagne.

A l'est, au Dj. Dreïma et au Dj. Deddègue, la chaîne se poursuit dans les couches faiblement redressées des dépôts continentaux oligocènes, à gros galets bien roulés.

Ces couches prennent là une extension considérable et on les retrouve de l'autre côté du Rocher-de-Sel, sur le flanc occidental de la chaîne des Sahari. Ici le cœur de l'anticlinal est occupé par une longue vallée dominée de part et d'autre par des crêtes mamelonnées de grès albiens. Momentanément le pli anticlinal s'ouvre jusqu'aux couches des calcaires urgo-aptiens, près de Coudiat-el-Ahmeur. Dans le lit de l'Oued Hadra, on trouve en abondance *Terebratula sella* et des débris d'*ostracées*.

Cette chaîne des Sahari se poursuit plus loin au nord, toujours sous forme de repli anticlinal dans les grès albiens, et longe ainsi la rive méridionale du Zahrez Chergui. Il est probable que c'est elle qui s'épanouit et s'étale dans le massif d'Eddis (Dj. Baten, etc...), massif situé au nord de Bousaâda et qui sépare le Zahrez Chergui du Chott Hodna.

§ 2. — L'ANTICLINAL DU DJEBEL OUGTAÏA ET LE SYNCLINAL DE L'OUED SLIMANE.

En décrivant plusieurs plis du Djebel Amour, j'ai indiqué qu'ils s'arrêtaient à une immense steppe dans la partie nord de laquelle se trouve le ksar de Zenina ; que les axes des plis cessaient d'y apparaître et que les anticlinaux et les synclinaux s'étalaient en grandes couches horizontales de grès albiens. Celles-ci constituent un substratum presque partout recouvert par des dépôts d'atterrissement et ces dépôts forment tantôt des plateaux ou des gours, témoins de l'ancienne pénéplaine mio-pliocène, comme à Chaâb-ez-Zamra, par exemple ; tantôt, au contraire, ils occupent les vastes dépressions intermédiaires ; ils appartiennent alors au quaternaire ancien et sont plus ou moins fortement ravinés par des cours d'eau qui s'écoulent dans cette plaine des deux côtés d'une ligne de partage insensible à l'œil et d'ailleurs extrêmement sinueuse. Au nord-est de cette plaine, les couches de grès albiens se plissent à nouveau en un anticlinal au Dj. Kahli.

C'est au milieu de ces couches albiennes que se trouve le pointement de gypse et d'ophite de Guelib-el-Tir. Tout auprès l'anticlinal s'ouvre jusqu'aux calcaires urgo-aptiens et même à un niveau plus bas, puisque M. Pierredon y a trouvé *Ostrea rectangularis* et *Toxaster africanus*, tous deux conservés à l'École supérieure des Sciences d'Alger. Le pli se continue plus au nord à travers un pays qui s'accidente de plus en plus jusqu'au sommet du Dj. Ougtaïa. Cette confusion de vallées et de crêtes de plus en plus nombreuses et enchevêtrées n'est due qu'à l'érosion cependant et l'allure géologique du pays reste très simple. Un peu au delà, et avant de traverser la piste qui relie Charef et Zenina, le pli disparaît sous un manteau d'alluvions quaternaires et ne se montre pas plus loin vers l'est. Ce pli est séparé de l'anticlinal d'El-Baïa par un repli synclinal dans le cénomanien. Il est séparé du pli anticlinal qui lui succède au sud par un synclinal très important et qui s'ouvre de plus en plus de l'ouest à l'est. A peine indiqué par une ondulation dans les grès albiens, au sortir de la vaste plaine de Zenina, il est marqué par le cénomanien sur ses bords et par le turonien au centre, au Dj. Tiouli et jusqu'au point où la route de Djelfa à Charef le traverse, au Kef Grara. Ce synclinal se continue sur le versant nord du Dj. Haouas sans changement autre qu'un épanouissement en largeur; en un point, à Argoub-Djemel, l'on observe en son centre des dépôts oligocènes.

Il prend plus à l'est une grande extension en largeur et au passage de la route de Boghari à Djelfa, la cuvette turonienne, très évasée, puisqu'elle atteint dix kilomètres de largeur, a son centre masqué par une longue traînée de calcaires jaune de miel du sénonien, très fossilifères, où M. Péron a trouvé, avec *Ceratites Fourneli, Nerita Fourneli, Turritella pustulifera* et *T. leoperdites,* etc., une série d'espèces propres à ce gisement. Cet auteur cite les rives de l'Oued Sidi-Slimane comme particulièrement riches. C'est sur le flanc méridional de ce pli, près de la ferme des « Ruines », qu'un pointement de gypse et d'ophite apparaît dans un ravin, au-dessous des calcaires du turonien.

La traînée sénonienne du cœur de ce synclinal a une quinzaine de kilomètres de longueur et se termine, à l'est, près de l'Aïn El-Mouitta. Le relèvement de l'axe du pli continue et la cuvette turonienne est également enlevée complètement par l'érosion, au point où elle sort de la feuille « Djelfa », au Dj. Touïref. Ce synclinal qui se poursuit dans le seul étage du cénomanien, tout comme les deux anticlinaux qui le bordent au nord et au sud, ne peut plus être suivi avec certitude plus à l'est.

§ 3. — L'ANTICLINAL DU DJEBEL HAOUAS

Au sud du pli synclinal qui vient d'être décrit, se trouve un anticlinal aigu et important. Celui-ci commence à Bordj-Douis par un repli marqué dans les couches de grès albiens qui forment la vaste plaine de Zenina.

Cet anticlinal, qui représente pour moi la prolongation des différents plis du versant méridional du Dj. Amour, y compris la grande chaîne anticlinale qui s'évanouit au Dj. Bou-Chekoua, cet anticlinal, dis-je, ne se trouve pas sur leur prolongement exact, mais est légèrement repoussé vers le nord.

Près de Beni-Yacoub, le pli a sa partie centrale marquée par les calcaires urgo-aptiens, qui forment là un chevron aigu, dont le sommet est une longue arête très marquée dans la topographie au Measson-Guelfa ; plus loin, on ne trouve que les grès albiens, jusqu'au Dj. Haouas et au Dj. Feïa qui marquent deux replis bien accusés de l'anticlinal, tous deux ouverts jusqu'aux calcaires de l'urgo-aptien. Le Dj. Haouas montre peut-être quelques bancs néocomiens au centre même de la boutonnière ?

Un peu au delà, tout près du « Moulin de Djelfa », l'on a encore à signaler un affleurement peu étendu des calcaires urgo-aptiens, où Nicaise a recueilli : *Heteraster oblongus* et *Terebratula sella*.

Au Dj. El-Mderreg, l'axe de l'anticlinal s'enfonce et le pli n'est plus alors marqué que par le cénomanien et le turonien au Dj. Tastara. Il fait alors une inflexion vers le nord et va se relier à la chaîne qui borde au sud le Zahrez Chergui.

§ 4. — Les synclinaux d'El-Haouita et de Djelfa

Dans le chapitre précédent, j'ai indiquéque la grande chaîne méridionale du Dj. Bou-Chekoua représentait le dernier pli sud du faisceau du Djebel Amour.

Mais, à mesure qu'on avance vers l'est, l'on voit des plis anticlinaux naître dans la surface horizontale du désert. Ils sont orientés obliquement sur la direction générale de la chaîne de l'Atlas Saharien et y pénètrent l'un après l'autre, pour devenir successivement une partie constituante de celle-ci.

Le pli synclinal de Tadjerouna, qui se continue vaguement au pied sud de la chaîne du Dj. Guebli, sépare cet anticlinal du dôme allongé et très surbaissé de Tadjemount. Ce pli va se terminer à la source d'Aïn-el-Haouadjib, où M. Pierredon a recueilli : *Echinobrissus humilis* et *Bothriopygus Meslei*. Outre ces deux oursins, M. Péron y a déjà mentionné un type spécial à ce gisement : *Acrosalenia miranda*, et les fossiles caractéristiques du néocomien dans le Sud Algérien : *Terebratula prælonga* spécialement.

Au sud de cet anticlinal, formé par une boutonnière du néocomien au milieu des couches de l'urgo-aptien, se trouve la cuvette synclinale d'El-Haouita. Je pense que la suite de ce pli est représentée par le replat synclinal qui sépare et le dôme de Tadjemount et la chaîne du Dj. Bou-Chekoua du pli anticlinal du Dj. Lazereg. Le Dj. El-Haouita, qui naît dans le désert, montre bien la prédominance de l'anticlinal sur le synclinal à l'origine des plis.

L'on voit d'abord deux crêtes anticlinales dans les couches cénomaniennes et dans les couches turoniennes, là où elles ont été respectées par l'érosion. Ces deux replis anticlinaux qui sortent de la surface absolument plane du désert s'accentuent de plus en plus et tendent à se rapprocher, jusqu'à ce qu'un repli concave les réunisse enfin ; le synclinal est alors né. Mais on ne peut pas indiquer pour lui comme pour l'anticlinal à quel point précis il a commencé. Ce pli d'El-Haouita ne se continue pas très loin d'une manière visible parce que l'axe du pli s'élevant vers le nord-est, l'érosion a successivement atteint des niveaux de plus en plus bas de la série crétacée, jusqu'aux calcaires urgo-aptiens, qui séparent les plis anticlinaux du Guebli-Bou-Chekoua et du Lazereg. Ces deux anticlinaux sont formés par les couches du néocomien et du jurassique.

L'aire synclinale se prolonge au nord-est et s'épanouit dans la vaste cuvette de Djelfa, où un abaissement de l'axe du pli et une élévation du relief montagneux y ont conservé les étages du crétacé supérieur : cénomanien, turonien et sénonien.

Vers le sud-est, le synclinal de Djelfa est fermé par un relèvement des couches marqué dans le relief par l'arête hémicirculaire d'El-Groun, qui relie le Dj. Senalba avec le Dj. Sera. Cette crête est franchie près de la maison forestière de Takersane par la route carrossable qui relie Djelfa et Tadmit.

Les couches du cénomanien forment le soubassement extérieur, celles du turonien le sommet de l'arête ; celles du sénonien les collines de Rouaguib-Tennib, qui accidentent et vallonnent le versant intérieur de la vasque synclinale. Le sénonien est fossilifère près de Bir–Bab–Aïn–Messaoud et à Djelfa (1).

Tout le centre de la cuvette est occupé par les dépôts d'atterrissement de la pénéplaine mio-pliocène, qui forme des petits gours et une superbe falaise près de Bou-Treffis, au sud-est de Djelfa. En contre-bas de cette falaise, les dépôts quaternaires se sont accumulés dans les grands fonds de la dayat d'El-Haouassi et des dépressions dans sa dépendance.

Le synclinal de Djelfa s'allonge vers le nord-est, en se rétrécissant. La route de Djelfa à Bousaâda en suit le thalweg, tandis qu'au nord et au sud les couches turoniennes relevées forment deux longues arêtes. L'arête septentrionale est peu nette et même en partie masquée par les atterrissements, au delà de l'Aïn-Mouila ; elle reparait au Dj. Sba-El-Haïmer, près de Slim. L'arête méridionale, au contraire est vigoureusement accusée dans toute sa longueur et le turonien et le sénonien y occupent des bandes plus larges, au Dj. Djellal et au Dj. Tlcila. Marès (2) a indiqué que dans cette bande turonienne, entre le gué de l'Oued Seddeur et la maison Saint-Martin, les roches sont pétries d'*Hippurites organisans* et de *Sphærulites Sauvagesi*. Un peu plus loin, sur la route de Djelfa à Moudjebara, près de Sba Mokrane, j'ai trouvé de nombreuses traces d'*Ostrea flabellata*.

Le synclinal se poursuit très régulièrement vers le nord-est, en subissant près d'El-Guerara une inflexion vers le nord, comme tout l'ensemble des plis. Il va probablement former la traînée synclinale, située au nord du ksar d'El-Hamel. Après avoir séparé, près de Bousaâda, la chaîne du Kerdada des anticlinaux du groupe du Dj. Baten, ce synclinal va s'étaler et s'aplatir en une surface horizontale, dans la vaste plaine du Chott Hodna.

(1) M. Péron. *Géologie de l'Algérie*, page 141. La collection Le Mesle contient de nombreux exemplaires d'*Ostrea rediviva* Coq. pris sur le revers nord-est du Senalba, dans les couches cénomaniennes, et *Pachydiscus Durandi*, qui provient du turonien du sommet même de la montagne.

(2) Paul Marès. *Sur la constitution géologique du Sud de la province d'Alger*. (Comptes-Rendus de l'Académie des Sciences, t. LX, 1865, n° 20, p. 1039.)

§ 5. — Le Djebel Lazereg

Le pli anticlinal du Dj. Lazereg constitue une chaîne importante, longue de cinquante kilomètres et large de dix à quinze, formée par une voûte unique; à peine peut-on y signaler un léger repli anticlinal dans la partie nord-ouest, sur les rives de l'Oued Rzaïm.

La structure topographique n'a pas la même simplicité et l'on y chemine dans un dédale inextricable de vallées et de collines, dont les crêtes semblent s'unir à mesure qu'on s'en éloigne, pour ne former à l'horizon qu'une petite ligne bleue, — el-azereg — qui est tout un monde.

Le pli débute par une ondulation large des grès albiens, qui forment la plaine horizontale du désert, entre les crêtes cénomaniennes et turoniennes de Guern-el-Haouïta et de Dj. Modloeu.

Cette ondulation des grès albiens à Dra-Mta-Kerma, qui ne commence pas à un point précis, mais naît insensiblement de l'horizontalité de la plaine, cette ondulation devient moins large et prend une ligne de faîte plus étroite, plus au nord-est, au point où affleurent les calcaires urgo-aptiens, sur la rive méridionale de l'Oued Mzi. Plus loin, à Aïn-Rakoussa, l'anticlinal s'ouvre jusqu'au néocomien, qui est particulièrement riche en bancs bien lités de grès quartzeux.

En même temps que l'axe du pli s'est relevé, la voûte anticlinale, de romane qu'elle était, est devenue gothique, ne montrant plus comme ligne de faîte qu'une arête aiguë. Quelque peu au-delà, les couches du jurassique affleurent au centre du pli et forment la crête la plus élevée, entre les pics cotés: 1,352 mètres, 1,491 mètres, le sommet culminant d'Ez-Zeg, et 1,481 mètres à l'extrémité nord-est.

La voûte s'est élargie et écrasée à nouveau en un arceau surbaissé, qui va se poursuivre, pareil à lui-même, jusqu'à l'extrémité de la montagne, au Dj. Tadmit. Un lent et faible abaissement de l'axe du pli fait disparaître le néocomien en profondeur au Dj. Matsani, au centre d'un vaste hémicycle, faiblement mouvementé, formé par les calcaires urgo-aptiens qui l'entourent d'une falaise haute de cent à cent cinquante mètres.

Ces calcaires urgo-aptiens plongent avec un angle très fort vers l'extérieur ; c'est au milieu des grès albiens accolés contre eux et fortement redressés que se fait l'angle brusque qui ramène les couches à la disposition horizontale.

Toutefois le pli ne cesse pas au Dj. Tadmit, et au milieu des grandes dalles horizontales des grès albiens qui occupent la plaine, on peut suivre une série de collines bien alignées dans la direction du nord-est. Un léger anticlinal dans ces grès albiens prend la forme d'un chevron aigu. Près de Ksar-el-Hamera, il tourne assez brusquement vers l'est et s'étale pour former une ondulation très surbaissée, au centre de laquelle affleurent les calcaires urgo-aptiens, immédiatement au nord-ouest du ksar d'Aïn-el-Ibel. Le pli s'arrête là. Il est coupé en biseau et remplacé par un nouvel anticlinal plus occidental, celui du Dj. Merguet au Dj. Zaccar.

Le Dj. Lazereg est un des points où l'on a recueilli de nombreux fossiles du crétacé inférieur. M. Pierredon en a rapporté : *Hemicidaris Meslei, Pseudocidaris clunifera, Bothriopygus Meslei,* des rhynchonelles et des lima indéterminables ; des huîtres d'espèce nouvelle. Ces fossiles proviennent du voisinage d'Aïn-Rakoussa. M. Péron cite outre ces fossiles : *Rhynchonella concinna* et *Terebratula sella.* Tous ces fossiles proviennent du néocomien de l'extrémité sud-est de la chaîne. La partie centrale jurassique a donné à Le Mesle (1) : *Terebratula subsella, Ostrea expansa, Ostrea pulligera, Ostrea solitaria, Rhynchonella insconstans,* des traces de spongiaires, des mytilus et des trigonies.

Enfin, les calcaires néocomiens et urgo-aptiens du Dj. Tadmit, au nord-est, ont donné une faune importante. M. Pierredon en a rapporté (2) : *Échinobrissus Durandi, Terebratula sella, Ostrea Eos.* On trouve de la même localité, dans la collection « Le Mesle » : *Pterocera tricarinata* et *Terebratula sella.* M. Péron a cité : *Ostrea Maresi, Ostrea Eos, Échinospatagus africanus,* et *Cidaris Maresi,* également du Dj. Tadmit, sur le flanc occidental duquel, au Dj. Sba, j'ai retrouvé le niveau à *Orbitolina lenticularis,* avec quelques bancs pétris de ces fossiles.

(1) *Collection Le Mesle.* Collection de paléontologie du Muséum d'histoire naturelle de Paris.

(2) *Collection Pierredon.* Collection de l'École Supérieure des Sciences d'Alger.

§ 6. — Le Djebel Milok

Sur le versant sud-est du Dj. Lazereg, s'élève une autre
montagne, le Dj. Milok. Elle est constituée par les couches du
cénomanien et du turonien et forme une cuvette synclinale
parfaite, fermée de tous les côtés et qui s'élève à cent cinquante
ou deux cents mètres au-dessus de la plaine environnante.
Partout les couches plongent assez fortement vers le centre de
ce bassin d'un ovale allongé.

Au fond de cette cuvette, perchée ainsi au sommet d'une
montagne, qu'elle occupe tout entière, on voit les dépôts d'alluvions d'un ancien lac qui avait plus de cent mètres de profondeur. Ce lac s'écoulait par un émissaire qui s'est creusé avec le
temps une gorge de plus de cent mètres de hauteur. C'est lui
qui fournit son eau à l'Aïn Milok, située à l'extrémité sud-ouest
de la chaîne. Le profil extérieur du Dj. Milok, sur tout le pourtour de la cuvette, est le suivant :

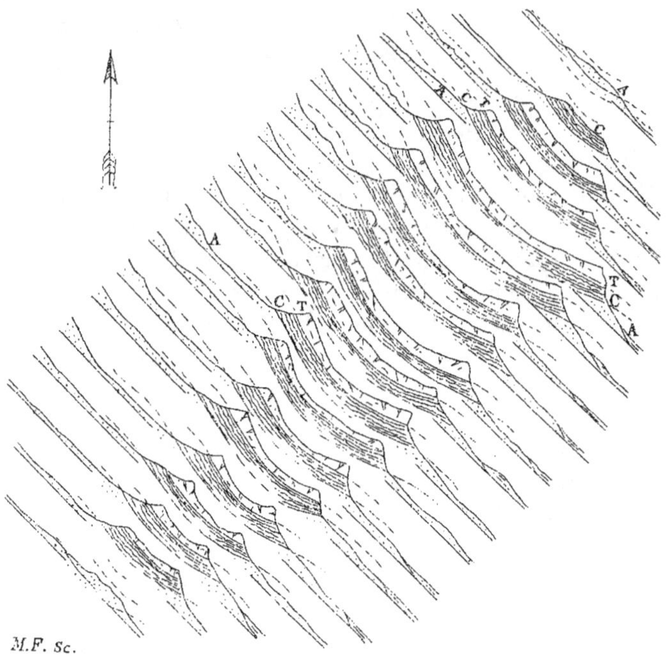

Fig. 6. — *Coupes parallèles du Djebel Milok* — (Échelle 1/200.000°.

Au-dessus des grès albiens à peine inclinés, une pente peu accusée de cénomanien est surmontée par un abrupt très raide de calcaires compacts du turonien qui présentent vers l'extérieur la tranche de grandes dalles inclinées vers le centre de la cuvette.

Le cénomanien fossilifère montre des traces d'*Ostrea flabellata* et d'*Ostrea Syphax*. Mais le turonien surtout y est intéressant, parce qu'il s'y trouve une faune d'ammonites décrites par M. Péron.

Le Dj. Milok qui s'élève, isolé, au milieu de la plaine et qui est peut-être la suite de la petite cuvette synclinale de Djelouadj, au sud-est de celle d'El-Haouita, ne semble pas se poursuivre au nord, où l'on ne trouve plus qu'une grande plaine occupée par les dalles horizontales des grès albiens, entre Sidi-Maklouf et Aïn-el-Ibel.

J'ai montré au paragraphe précédent que cette plaine, qui sépare le pli anticlinal du Dj. Lazereg de celui du Dj. Merguet au Dj. Zaccar disparaît, coupée en biseau par l'arête méridionale de la cuvette synclinale de Djelfa, au point où s'enfonce en profondeur et cesse aussi l'anticlinal du Dj. Lazereg.

§ 7. — Le Djebel Merguet et le Djebel Zaccar

Un pli anticlinal important s'élève au milieu de la vaste plaine qui s'étale entre les cuvettes de Djelfa et du Bou-Khaïl. Ce pli très large à son extrémité sud-ouest, où il s'élève brusquement, va en s'effilant de plus en plus vers le nord-est.

Immédiatement à l'est de Sidi-Maklouf, et sur le même parallèle, l'on voit les grès albiens brusquement redressés, former de petites collines alignées parallèlement, toujours avec une pente douce le long de la surface de la dalle gréseuse, et abrupte sur sa tranche.

Ces collines qui viennent se joindre en un coin, à Safiat-el-Baroud (938 mètres) enveloppent un second coin plus accusé encore et formé par les calcaires urgo-aptiens ; de là ces derniers partent à gauche, au nord, pour former le Dj. Zerga et à droite vers le nord-est, le long de la crête du Dj. Merguet.

Entre ces deux montagnes s'étend une grande région peu accidentée formée en partie par les calcaires du néocomien ;

c'est la reproduction, sous un angle aigu, de la topographie des hémicycles de Taouïala, du Dj. Bou-Chekoua et du Dj. Tadmit.

Plus au nord-est, les deux crêtes du Dj. Merguet et du Dj. Zerga se rapprochent peu à peu et vont se fondre ensemble, dans la chaîne du Dj. Zaccar. Le long de celle-ci le chevron des couches urgo-aptiennes devient plus aigu et cesse d'affleurer. Ces couches calcaires ont donné de nombreux fossiles : dans les couches néocomiennes, Le Mesle a trouvé, dans la cluse étroite qui traverse la montagne, le Kheneg dé Zaccar, des traces de *spongiaires, Pterocera tricarinata* et *Terebrutula ;* ces mêmes fossiles ont également été trouvés au Dj. Merguet. M. Péron a indiqué en outre, *Ostrea Maresi, Ostrea Eos, Cidaris Maresi, Échinospatagus africanus, Pterocera pelagi.* Il donne de cette montagne de Zaccar une coupe où il représente une voûte unique ; j'ai observé deux replis parallèles, séparés par une combe synclinale.

Dans les couches urgo-aptiennes, l'on trouve en outre : *Terebratula sella, Ostrea eos, Ostrea Boussingaulti, Orbitolina lenticularis,* rares dans le Kheneg de Zaccar, mais qu'on observe en abondance au Dj. Zerga.

Au point où les couches calcaires de l'urgo-aptien sont recouvertes par les grès albiens, ceux-ci forment aussi un anticlinal aigu, qui se continue comme tel au Dj. Tafara. Mais au delà de la traversée de la route de Djelfa à Moudjebara, le pli s'étale largement. C'est alors une contrée peu accidentée, qui fait suite aux collines. Au milieu de cette dernière se dressent trois sommets, à El-Mécèle ; chaque cime est formée par un lambeau de calcaires et de gypses du cénomanien, conservé malgré l'érosion au-dessus des grès albiens.

Au delà d'El-Mécèle, les grès albiens forment une série de collines et la crête en demi-cercle d'El-Mdaouar, qui indique un abaissement de l'axe des plis. Enfin, le pli qui s'abaisse va finir en pointe sous les calcaires cénomaniens, près de Dalaât-el-Fedja, sur le revers nord du Dj. Guedid.

§ 8. — Le Djebel Guedid et le Bou-Khaïl

Au nord-est et à l'est du pli que je viens de décrire, l'on n'en rencontre point jusqu'à la grande chaîne méridionale, en bordure du Sahara. Entre celle-ci et la vasque synclinale de Djelfa, se trouve une très vaste surface où les couches sont à peine inclinées en deux grandes cuvettes synclinales ; ces dernières sont plus caractérisées par les restes des couches du cénomanien et du turonien, qui y forment de vastes gours, que par une inflexion marquée des couches. Entre ces chaînes, dont les falaises de deux à trois et même quatre cents mètres d'élévation permettent de mesurer l'œuvre de destruction des eaux courantes, entre ces chaînes, dis-je, on trouve de grandes surfaces horizontales de grès albiens, qui ne s'inclinent qu'au contact des calcaires cénomaniens et qui s'enfoncent au-dessous d'eux.

C'est toujours ce mouvement brusque de changement d'inclinaison des couches qui permet de placer le point exact où commence le pli. C'est ainsi que la cuvette cénomanienne du Dj. Guedid, qui commence dans le cirque du Moudjebara, forme un fond de bateau qui se relève brusquement le long des arêtes de Chebka-Bou-Fema et du Khreneg-ed-Defla. Cette partie orientale de la cuvette est traversée par la route de Djelfa à Messaâd. La route passe, plus au sud, au pied de deux pics arrondis appelés les Toumiat de Sefiat-Bou-Renem. Ces tours naturelles, qui dominent de quelques dizaines de mètres la contrée environnante, ont leurs sommets formés par les dépôts continentaux de l'oligocène. Ces terrains d'alluvions caillouteuses tranchent nettement sur les dépôts marno-gréseux des grès albiens qui les supportent. Ils permettent de juger de l'importance des érosions qui se sont succédé dans ce pays ; car ils dominent de près de cent mètres les dépôts de la pénéplaine mio-pliocène qui, plus au sud-est, occupent la plaine située entre l'anticlinal du Dj. Merguet et du Dj. Messaâd et au milieu de laquelle le Dj. Bou-Khaïl surgit comme une forteresse extraordinaire, toute hérissée de bastions et de tours géantes, sans aucune végétation.

La cuvette synclinale de Moudjebara s'évase de plus en plus au nord-est et atteint sa plus grande ampleur au Dj. Guedid, dont un lambeau de calcaires compacts du turonien occupe les crêtes.

En ce point, la cuvette synclinale du Dj. Guedid touche celle de Djelfa, et ces deux voisines ne sont séparées que par un faible bombement anticlinal des couches du cénomanien sur le versant méridional du Dj. Tleila.

A l'est du Dj. Guedid se trouve une chaîne en forme de fer à cheval occupée par les couches cénomaniennes à la base, et par celles du turonien qui forme l'arête supérieure. L'ensemble plonge faiblement vers le sud-ouest. Cette chaîne relie, par le Sba-Chaouïa et le Dj. Tezarin, qui domine le ksar d'Aïn-Rich, la cuvette du Dj. Guedid avec celle du Dj. Bou-Khaïl. '

La cuvette du Dj. Bou-Khaïl, très importante, forme dans son ensemble un vaste plan incliné très faiblement vers l'est, et largement ouvert de ce côté par l'érosion, tandis que sur sa face occidentale il prend l'aspect d'une forteresse.

Depuis Messaâd, l'on voit une première ligne de collines, formée par des bancs de grès albiens qui émergent de la mer d'alfa, puis tout le long de la montagne une série de gigantesques gradins superposés et profondément entaillés par des ravins abrupts ; c'est la pente cénomanienne. Elle est surmontée par une muraille à pic presque partout impossible à escalader et formée par les calcaires turoniens, dont la crête aride se profile dans l'azur d'un ciel d'airain.

Le cénomanien du Dj. Bou-Khaïl renferme : *Ostrea flabellata, Ostrea africana, Ostrea Mermeti, Turrilites costatus* et de nombreux oursins décrits par MM. Cotteau, Péron et Gauthier (1).

L'étage turonien a donné *Nerita Parisi* et *Holectypus serialis*.

J'ai montré comment le Bou-Khaïl se relie au synclinal du Dj. Guedid par la chaîne qui ferme sa bordure nord ; le fond de la cuvette du Dj. Bou-Khaïl et sa bordure sud, qui suit parallèlement la chaîne de Messaâd, s'abaissent de plus en plus. L'érosion y prend successivement en écharpe le turonien, puis le cénomanien. Enfin, près d'Aïn-Rich, la cuvette s'étale de nouveau en une vaste plaine horizontale occupée comme toujours par de grandes dalles de grès albiens.

Plus à l'est, c'est un nouveau régime qui commence avec le dôme anticlinal du Dj. Sba-Liamoun, ouvert jusqu'au jurassique. Ce pli va à l'est se terminer dans la plaine du Chott

____

(1) Cotteau, Péron et Gauthier *Les échinides fossiles de l'Algérie* (fascicules 6 et 7).

Hodna, au point où la chaîne du Kerdada se relie presque avec la grande chaîne de Messaâd, en fermant ainsi l'amygdale des plis qui constituent les montagnes des Oulad-Nayl.

§ 9. — LE DAKLA ET LA GRANDE CHAINE MÉRIDIONALE DU DJEBEL MESSAAD

Cette chaîne méridionale est construite avec les étages du cénomanien et du turonien ; elle est formée par la réunion successive de plis anticlinaux qui naissent au milieu du désert avec une direction oblique sur celle de l'ensemble de la chaîne.

A l'ouest de Laghouat et au sud de l'Oued Mzi, l'on voit deux de ces chaînes constituées par les couches de grès albiens à la base, du cénomanien et du turonien au sommet.

Ces deux chaînes, distantes de dix à douze kilomètres à l'origine, se rapprochent l'une de l'autre jusqu'à la traversée de l'Oued Mzi, où elles ne sont plus qu'à deux ou trois kilomètres de distance. Elles subissent un nouvel écartement dans la partie supérieure du Dj. Dakla. L'une et l'autre chaîne forment une voûte anticlinale qui semble rompue vers l'extérieur, où toute une moitié de l'anticlinal a été enlevée par l'érosion. Elles sont réunies vers l'intérieur par un palier turonien, amorce d'un synclinal futur.

La chaîne occidentale qui commence à la source de Bir Mouila, forme une crête admirablement rectiligne jusqu'au bord de l'Oued Mzi ; elle tourne alors brusquement vers l'est, et par une série d'îlots de rochers turoniens qui émergent de dunes de sable, rejoint le Kef Metlili. Ces rochers turoniens, polis par le sable, ont pris l'aspect du marbre avec la couleur de l'ivoire légèrement jaune. La chaîne orientale, ou d'El-Kheneg, est plus large et coupée par plusieurs cols. A l'un d'eux, au Teniet-Mokran, on trouve de nombreuses ammonites turoniennes, malheureusement trop frustes pour permettre une détermination exacte. Le pli se continue au Dj. Dakla ; je pense que c'est la retombée méridionale de cette voûte d'El-Kheneg-Dakla, qui forme les affleurements du Rocher-des-Chiens, sur lequel est bâti la ville de Laghouat, du Kef-Sridja, entre cette ville et El-Assafia et la chaîne albienne cénomanienne et turonienne qui s'étend d'El-Assafia au Kef-Msila. Ici c'est donc une vallée anticlinale qu'emprunte la route entre El-Assafia et ksar El-Fedje, comme on peut le voir sur la planche 2. La cuvette du Dj. Dakla se continue par une chaîne cénomanienne, dont les plus hauts sommets sont formés par des lambeaux de turonien. En plusieurs points de la chaîne on trouve des ammonites du turonien, notamment au Teniet-Maâche qui traverse le Kef-Metlili et au Teniet-el-Assafia.

Au fond de la cuvette du Dj. Dakla et sur les flancs des plis qui sortent du désert, on peut observer des témoins très remarquables de la pénéplaine mio-pliocène.

Ceux-ci sont particulièrement beaux sur le versant nord du Dj. Hasbara, où l'ancienne pénéplaine monte très haut sur le flanc de la montagne par une courbe légèrement concave d'une netteté absolue. Au contact avec la roche en place de la montagne, un point d'inflexion permet de reconnaître qu'on n'avait au-dessus de la pénéplaine qu'une voûte parfaite et très peu élevée.

Des torrents actuels se sont creusé de profonds ravins au milieu de tout cet ensemble.

Sur le versant méridional, les dépôts de cette pénéplaine passent latéralement aux terrains des Dayats, étudiés par M. Georges Rolland, et qui forment de vastes plateaux et d'immenses gours.

Au nord-est de Ksar-el-Hirane, naît un nouvel anticlinal, dont la voûte turonienne sort à El-Mereikeb de dessous l'immense nappe d'atterrissements actuels du cours de l'Oued Mzi, appelé depuis Laghouat, l'Oued Djeddi. Ce pli anticlinal, après avoir disparu momentanément sous les alluvions de l'Oued Bou-Drine, reparaît à Er-Raïet, et présente sur son flanc une mince traînée sénonienne. C'est au sud-est qu'on trouve le seul lambeau d'éocène inférieur que j'aie observé, à Ras-Sidi-el-Sacher, perdu au milieu d'un manteau uniforme d'alluvions, tout auprès du puits Margueritte, marqué sur la carte, mais qui n'existe plus.

L'anticlinal turonien d'Er=Raïet, s'élargit plus au nord-est et s'ouvre jusqu'au cénomanien.

Le flanc septentrional, au Kef-Tassedda, va se relier avec la prolongation orientale de la chaîne du Dakla au Kef-el-Guettout.

Mais les deux anticlinaux se rencontrent sous un angle trop ouvert pour qu'il y ait, à proprement parler, un synclinal entre eux ; et ce point montre bien la prédominance du mode anticlinal sur le mode synclinal. Les deux plis réunis ainsi près du ksar de Messaâd se continuent vers l'est, toujours formés par les étages du crétacé supérieur. Vers le méridien d'Aïn-Rich, le pli s'ouvre et montre des terrains de plus en plus anciens, jusqu'aux couches du crétacé le plus inférieur, comme l'a indiqué Brossard dans sa coupe du Dj. Zerga. M. Péron y a retrouvé : *Ostrea Marcsi* et *Echinospatagus africanus*. Cette bande de crétacé inférieur est cependant bien moins longue et plus étroite que ne le supposaient les auteurs précédents. Commencée au Dj. Zerga, elle reste sur le versant méridional de la chaîne jusqu'au delà de l'Oued Chaïr ; ce sont les couches du crétacé supérieur qui forment la chaîne en bordure méridionale de la grande plaine d'Aïn-Rich à l'Oued Chaïr ; sur le flanc nord de cette dernière, les dépôts caillouteux de l'oligocène sont très développés. L'anticlinal remonte alors brusquement au nord et va, au bord de la grande plaine du Hodna, rejoindre les chaînes les plus septentrionales que nous ayons étudiées et fermer ainsi l'amygdale des plis des monts des Oulad-Nayl ; cette amygdale est remplacée vers l'est par le faisceau des plis de l'Aurès.

TROISIÈME PARTIE

CHAPITRE VIII

Résumé et relations avec les régions voisines

La chaîne du Grand Atlas s'élève au nord d'une immense contrée plate et déserte, le Sahara, où les couches du crétacé supérieur, les seules qu'on aperçoive, sont si faiblement ondulées qu'on peut vraiment les regarder comme horizontales. Ces couches crétacées reposent au sud, au Tidikelt et au Touat, sur un massif très ancien formé par une légère bordure de terrains paléozoïques, du cristallin et du granit. Elles forment deux vastes cuvettes, celle de l'Oued Rhir et celle du Gourara, dont la superficie dépasse celle de la moitié de la France.

La chaîne de l'Atlas Saharien a d'ailleurs un cachet montagneux peu accusé et rappelle plutôt les plateaux de la Crimée ou certaines parties des montagnes Rocheuses, où dominent les plis monoclinaux, que le Jura avec lequel on l'a habituellement comparée. Elle est à un stade de formation bien moins avancé que la chaîne du Jura.

Les plis qui forment l'ensemble de la chaîne peuvent être groupés en trois faisceaux principaux. Ceux-ci correspondent respectivement aux trois départements d'Alger, d'Oran et de Constantine. Ils sont formés par les dépôts d'étages géologiques de plus en plus récents à mesure qu'on s'avance de l'ouest vers l'est.

Au premier faisceau appartiennent les montagnes des Ksour. Les divers étages du jurassique y sont bien développés et y forment des axes anticlinaux importants, que séparent des cuvettes synclinales où affleurent principalement les étages du crétacé inférieur.

Le second faisceau de plis est celui du Djebel Amour et des monts des Oulad-Nayl. Les niveaux supérieurs du jurassique sont les plus anciens qu'on y rencontre. Cet étage est d'ailleurs peu développé et les anticlinaux sont formés surtout par les étages du crétacé inférieur. Le crétacé supérieur constitue les chaînes et les cuvettes synclinales.

Dans ces deux faisceaux de plis, le tertiaire est représenté par les dépôts d'alluvions, qui n'ont pas d'importance dans la structure tectonique de la chaîne.

Dans le troisième faisceau, celui de l'Aurès, les anticlinaux plus fortement redressés et mieux entamés, montrent une série d'étages plus complète que dans les deux faisceaux précédents ; ces étages s'échelonnent du lias au suessonien.

Le supra-crétacé et surtout le tertiaire, qui prend là un très grand développement, forment des synclinaux allongés.

L'ensemble des plis des « montagnes des Ksour » semble s'arrêter d'une manière générale à la grande dépression que suit l'Oued Sidi-en-Nasseur. Ils sont remplacés par d'autres anticlinaux dans le Djebel Amour et les monts des Oulad-Nayl. Il est cependant probable que la chaîne méridionale des « monts des Ksour » se continue dans le Djebel Amour par l'anticlinal septentrional de Sidi Bouzid.

La majeure partie des plis qui forment le second faisceau disparaissent à leur tour à la limite des deux provinces d'Alger et de Constantine. Il semble toutefois que la suite de la chaîne la plus méridionale des Oulad-Nayl, qui aboutit au Dj. Mimouna, au sud de l'Oued Chaïr doive être recherchée dans le Dj. Touggourt, qui domine Batna et forme à son tour l'anticlinal nord du massif de l'Aurès.

Les plis de ce massif naissent aussi dans le désert, avec une direction oblique sur celle de toute la chaîne. On peut certainement regarder les plis du Dj. Bou-Thaleb comme continuant ceux qui vont aboutir à l'autre extrémité de la steppe du Hodna. Mais comme l'a indiqué Brossard et comme le montre clairement la carte géologique de l'Algérie, les plis du Dj. Bou-Thaleb font un angle aigu avec ceux du Dj. Mahdid ; en ce point les deux chaînes de l'Atlas du Sahara et de l'Atlas du Tell se réunissent en une seule chaîne qui se continue dans la région de Soukahras et qui atteint la mer en Tunisie. La séparation des plis qui appartiennent à l'une et à l'autre chaîne est encore à faire.

CHAPITRE IX

Quelques remarques sur le mode de formation des plis

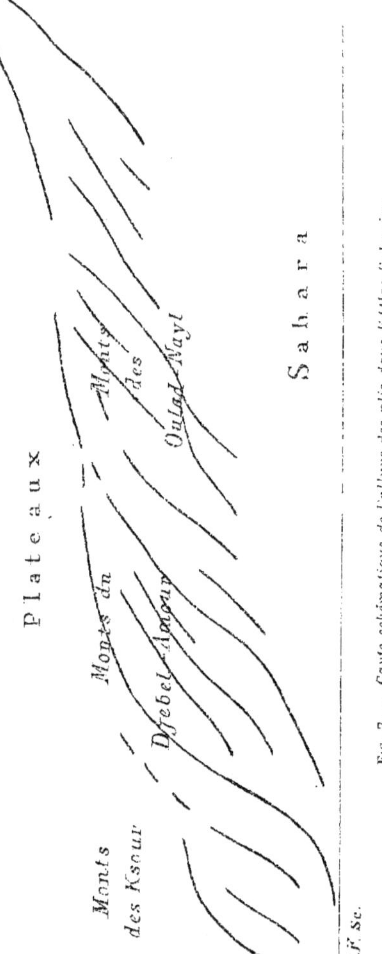

Fig. 7. — Carte schématique de l'allure des plis dans l'Atlas Saharien.

M.F. sc.

Dans le chapitre précédent, j'ai indiqué que la chaîne de l'Atlas Saharien était formée par, au moins, trois faisceaux de plis.

Les plis de chacun de ces faisceaux ou, si l'on préfère, de chacune de ces amygdales, ne passent pas ou ne passent qu'en partie dans le faisceau suivant. Nés au sud, au milieu de la surface horizontale du désert, chacun de ces plis élémentaires a une direction plus franchement nord-sud que l'ensemble de la chaîne.

Une fois sur le versant nord, ou bien ces plis s'arrêtent, ou bien ils se serrent en un anticlinal unique, dont le prolongement forme la chaîne anticlinale la plus septentrionale de l'amygdale suivante.

Ce faisceau suivant qui relaye (1) le précédent,

(1) M. Haug a indiqué dans les Alpes ce fait d'un ensemble de plis qui sont remplacés, relayés, par d'autres. (Voir : Bull. serv. Carte géol. de France, n° 47, et Compt. rend. Ac. des Sc. Paris, 19 mars 1891).

dont il a pris la place est formé par de nouveaux plis qui naissent aussi dans le désert. Et ainsi la chaîne est constituée par une série de chapelets amygdaloïdes qui se relayent les uns les autres (1).

Un fait très remarquable est que les plis qui naissent dans le désert, au milieu de la surface des couches horizontales, sont toujours des anticlinaux (2).

Ces saillies sur la surface primitive ne sont au début raccordées que par une surface plane, par exemple : la plaine qui sépare le Dj. Bou-Chekoua du Dj. Lazereg, ou celle qui s'étend entre cette montagne et le Dj. Zaccar, ou encore celle qui va du Kef-Nteila au Dj. Dokrane.

Parfois deux anticlinaux se rencontrent sous un angle suffisamment obtus pour qu'il n'y ait, à proprement parler, pas entre eux de synclinal dans l'angle ainsi formé. C'est le cas que présente la chaîne du Kef-Tassedda, qui domine Messaâd (voir planche 2).

Au contraire, il n'est pas de synclinal qui ne se trouve épaulé par deux anticlinaux latéraux, et qui se raccorde avec la plaine horizontale par une courbe convexe vers le ciel.

La grande cuvette synclinale d'Aflou, celles de Djelfa, du Bou-Khaïl, du Milok, et du Dakla, pour ne citer que les plus importantes, sont toutes appuyées à droite et à gauche par des axes anticlinaux.

Quand un synclinal s'étale et se fond avec la plaine horizonale, ce n'est pas parce que son axe s'est relevé, et l'a par

---

(1) Ces notions de chapelets amygdaloïdes ont été données par M. Marcel Bertrand, dans ses études *Sur la structure des Alpes françaises*, Bull. Soc. géol. de France, t. 22, 1894.

(2) Ces questions de l'origine des plis ont de tout temps préoccupé les géologues. Je ne cite que pour mémoire les travaux de synthèse d'Alphonse Favre, de Daubrée, de M. Reyer, de M. Bailey-Willis, etc... Dans ces dernières années M. Zurcher, dans la feuille des *Jeunes Naturalistes*, août, septembre et décembre 1891 a traité avec compétence cette question, en indiquant les raisons théoriques qui devaient donner une plus grande importance à la forme anticlinale. M. Léon Bertrand ne partage pas cet avis et a donné un chapitre sur ces mêmes questions dans son étude sur *Les Alpes Maritimes*. (Bull. serv. Carte géol. de France, n° 56). Ce qui fait l'intérêt de la chaîne de l'Atlas Saharien, c'est qu'elle présente un certain nombre de plis si simples qu'ils fournissent une démonstration pratique, éclatante, de la manière dont une surface plane commence à se plisser.

conséquent ramené au niveau de la surface horizontales des couches. Non.

Car il n'est pas descendu au-dessous de celle-ci. Le synclinal n'existe plus, parce que les deux anticlinaux qu'il séparait se sont aplatis et fondus avec la couche horizontale qui forme la plaine. C'est ce que l'on peut observer à l'extrémité orientale des cuvettes synclinales du Dj. Alleg, de Djelfa, et du Bou-Khaïl, par exemple.

Cependant au sud du ksar de Moudjbara, l'on peut voir l'extrémité formée par le cénomanien, d'un synclinal dont l'axe doit se relever pour atteindre la couche horizontale de la plaine, formée par les grès albiens.

Mais cet exemple unique ne se présente qu'à une des extrémités d'un synclinal dont les deux flancs sont bordés par des anticlinaux latéraux et ne saurait infirmer la très grande généralité de la règle.

Tandis que l'on rencontre de nombreux anticlinaux, dont les deux flancs et souvent une extrémité se raccordent avec une grande surface de couches horizontales, au moyen d'un jambage monoclinal, ce cas ne se présente pour ainsi dire jamais avec les synclinaux.

Théoriquement et même en fait, dans quelques cas rares, les deux extrémités de l'anticlinal peuvent se raccorder avec les couches horizontales environnantes par un jambage monoclinal ; mais dans la nature, presque toujours une extrémité va rejoindre un autre axe anticlinal, ou s'enfoncer entre deux synclinaux bien accusés.

Les plis monoclinaux sont assez nombreux dans l'Atlas saharien, et tout au moins, bien des anticlinaux présentent un jambage bien plus développé que l'autre.

Le jambage le plus grand ou le pli monoclinal, regarde vers l'extérieur de la chaîne. Les replis qu'on observe sur le flanc méridional du Djebel Merkeb, représentés dans le profil n° 6, ainsi que sur le versant nord de la chaîne du Djebel Sidi-bou-Zid, au nord du Djebel Amour, montrent que les plis couchés naissent sur les flancs des plis à la fois les plus anciens et dont la tendance monoclinale est la plus accusée.

C'est cette formation de gradins monoclinaux au début du plissement qui permet de comprendre comment le refoulement latéral s'est comporté dans le cas d'une chaîne comme celle des Alpes françaises, qui présente sur ses deux versants des plis déversés vers l'extérieur. Cela, en reconnaissant que la poussée tangentielle a produit des effets plus puissants en profondeur qu'à la surface (1).

L'étude de la figure 9 montre qu'une chaîne est formée dans son ensemble par la réunion d'une série de plis élémentaires qui ne sont pas parallèles, mais obliques à la direction générale de la dite chaîne. Ce n'est d'ailleurs pas un phénomène qui soit propre à l'Atlas saharien ; on le retrouve dans toutes les chaînes de montagnes.

Le plissement provient non seulement de la force de refoulement latéral, qui se propage de proche en proche, suivant une direction donnée. La surface, pour plus de clarté, nous dirons le carré de surface représenté sur la figure 9, sur lequel s'exerce cette force, est encastré dans d'autres terrains, où, par suite de leur incompressibilité, naissent des forces opposées à celles du refoulement.

La force du refoulement A (*fig. 9*) aura à lutter contre une force de résistance qui naîtra en B et lui sera opposée en direction.

Prise entre les forces A et B, la matière tendra à s'écouler en C et D, et par suite, il naîtra en

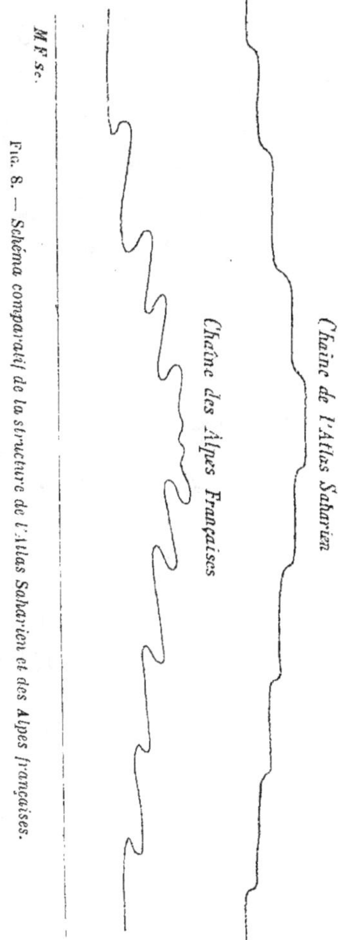

Fig. 8. — Schéma comparatif de la structure de l'Atlas Saharien et des Alpes françaises.

(1) Notes de M. Marcel Bertrand et de M. Maurice Lugeon. (Compte rendu sommaire des séances. (Société géol. de France, 22 janvier 1900).

ces points des forces contraires, toujours pour empêcher en C
et D l'extension des terrains soumis au refoulement latéral.

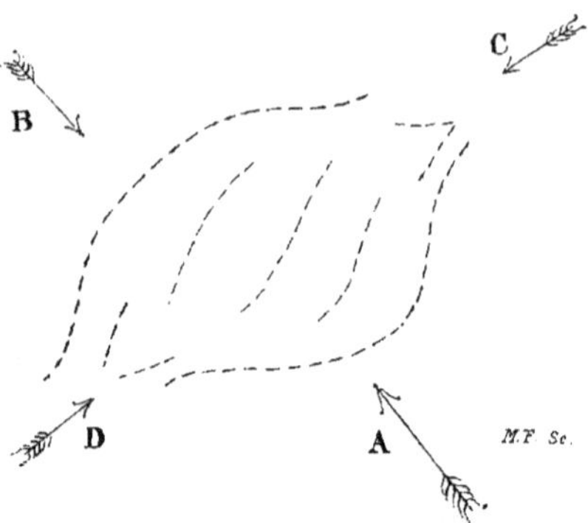

Fig. 9. — *Schéma de la formation d'une amygdale de plis.*

Pour plus de simplicité, je fais abstraction des forces analo-
gues qui se développent dans le même plan, aux points autres
que A, B, C, D. La surface du terrain soumise à ces quatre
forces fera alors saillie et prendra la forme d'une surface gauche,
qui ne sera pas formée par des plis parallèles à la force de
refoulement.

En fait, elle sera justement une de ces amygdales comme
celle du Djebel Amour ou des monts des Oulad-Nayl. Plus en
petit, elle donnera un dôme plus ou moins allongé, suivant les
rapports qui ont lié les forces A, B, C, D.

Il semble, en outre, que les emplacements des synclinaux
orthogonaux utilisés par les vallées transversales, soient justement les points de contact de deux grandes amygdales successives. C'est le cas de la vallée transversale de l'Oued En-Nasseur,
entre l'amygdale des monts des Ksour et ceux du Djebel Amour,
et de la haute vallée de l'Oued Melah, entre l'amygdale du
Djebel Amour et celle des monts des Oulad-Nayl.

Cette étude de l'emplacement primitif d'un pli sur une surface
horizontale, est une des plus délicates. Toutefois, en observant
les dômes allongés du Dj. Lazereg ou du Dj. Zaccar, par
exemple, et leurs relations avec les couches horizontales de la
plaine, ou en étudiant des dômes circulaires parfaits, comme le
Dj. Mehasseur, il semble apparaître que la force de refoulement

s'est propagée de proche en proche, jusqu'à la rencontre d'une ligne ou d'un point faible, fourni par un changement dans la nature lithologique des terrains ou toute autre cause, et ce point faible ayant cédé, est devenu l'origine d'un pli. Les zones de sédimentation et de plissement coïncident dans la plupart des chaînes.

On comprend, d'ailleurs, que la surface gauche de l'amygdale générale, une fois formée, présente des points plus faibles et d'autres plus forts et que ces points d'inégale résistance, pourront déterminer l'emplacement géographique des plis.

Je crois que les anticlinaux allongés sont formés par la réunion d'une série de dômes plus ou moins allongés. La chaîne du Dj. Eurried, avec ses épanouissements et ses rétrécissements successifs, celle qui, du Dj. Mriress, par le Dj. Sidi-bou-Zid et le Dj. Serdoum, aboutit au Dj. Sahari, celle qui va de l'anticlinal de Taouïala au dôme du Dj. Mehasseur, en sont des exemples manifestes. D'ailleurs, l'axe d'un pli subit des sinuosités d'autant plus grandes que le pli est moins accusé ; c'est encore un indice de sa formation par la réunion d'une suite de dômes, dont la trace s'efface à mesure que le plissement devient plus intense et le pli plus aigu et plus régulier. C'est, en outre, dans les chaînes où le stade d'évolution tectonique est le plus avancé qu'on peut suivre les mêmes plis sur les plus grandes longueurs.

Un autre fait curieux est l'allure des jambages des plis, qui est loin d'être uniforme suivant ceux qu'on considère. Tantôt, le jambage est mal défini et forme une courbe continue avec la surface environnante. Il n'y a pas de point d'inflexion marqué et les couches ont une faible inclinaison. C'est le cas des dômes circulaires et de presque toutes les cuvettes synclinales. Au contraire, les anticlinaux allongés offrent un genou très marqué, où les couches se courbent brusquement.

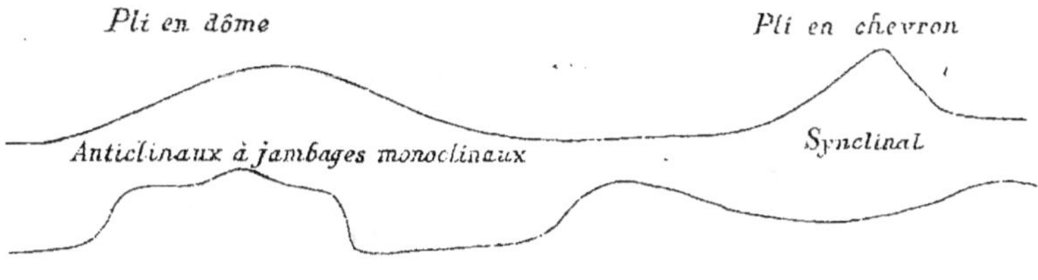

Fig. 10. — Schéma de la formation des plis à jambages monoclinaux.

C'est tantôt le sommet du pli qui forme un chevron aigu, comme par exemple au Dj. Zaccar, ou bien comme à l'extrémité sud du Dj. Lazereg, au Dj. Zlag, au Dj. Zerga (1), le sommet de l'anticlinal est un replat que deux jambages monoclinaux relient avec la contrée environnante.

Tandis que les premiers types de plis sont appelés à donner des anticlinaux droits, les seconds ont une prédisposition à se plisser en anticlinaux déversés et couchés.

Toute période d'activité dans le plissement amène comme conséquence une recrudescence de l'activité de l'érosion. Celle-ci en nivelant avant tout les anticlinaux les plus élevés, met au jour des terrains de plus en plus anciens (2). Aussi plus le stade d'évolution tectonique d'une chaîne est-il avancé, plus la série des étages géologiques qu'on y rencontre en allant du centre vers les bords est complète. Et ce phénomène est également exact pour les divers membres d'une même chaîne. Par exemple le stade d'évolution tectonique est plus avancé dans l'Aurès que dans le Djebel Amour, et dans ce massif que dans les montagnes des Oulad-Nayl.

Dans l'Aurès, en même temps qu'on rencontre une série de terrains s'étendant du lias au miocène marin, plissé fortement, l'on a des anticlinaux aigus, allongés, parallèles, bien alignés et séparés par des synclinaux profonds.

Dans le Djebel Amour, où la série ne s'étend que du jurassique supérieur à l'oligocène terrestre, et où ce dernier étage n'existe qu'en lambeaux insignifiants, les anticlinaux allongés ont des élargissements et des rétrécissements successifs ; les dômes isolés sont nombreux.

(1) Voir les coupes très intéressantes de Brossard *(loc. cit. ante)*.

(2) Ce qui n'a pas empêché l'érosion d'enlever de grandes surfaces de cénomanien et de turonien, dont les couches horizontales se trouvaient simplement sur le gradin le plus élevé des monts des Oulad-Nayl. (Plaine de Moudjbara à Messaâd.) L'érosion travaille en sens inverse du plissement, mais beaucoup plus vite que celui-ci. C'est ce qui permet à des montagnes voisines et formées de couches géologiques d'âge très différent d'atteindre la même altitude. Tel est le cas de la vallée du Grésivaudan, en amont de Grenoble, et d'une manière plus générale, des diverses chaînes qui forment les Alpes françaises et correspondent aux diverses zones de Lory.

Dans la partie des monts des Oulad-Nayl où le jurassique n'affleure pas, et où la série des terrains commence avec le néocomien, les plis sont encore moins formés. Ce sont de vrais gradins, si larges et si bas, qu'ils représentent la simple esquisse d'un gauchissement des couches, restées horizontales sur de vastes espaces.

TABLE DES MATIÈRES

TABLE DES FIGURES ET DES PLANCHES

FIGURES INTERCALÉES DANS LE TEXTE

PLANCHES DISPOSÉES A LA FIN DU VOLUME

ALGER. — TYPOGRAPHIE ADOLPHE JOURDAN.

...ad-Nayl, dans l'Atlas Saharien
Mémoire de M. RITTER
Planche N° I 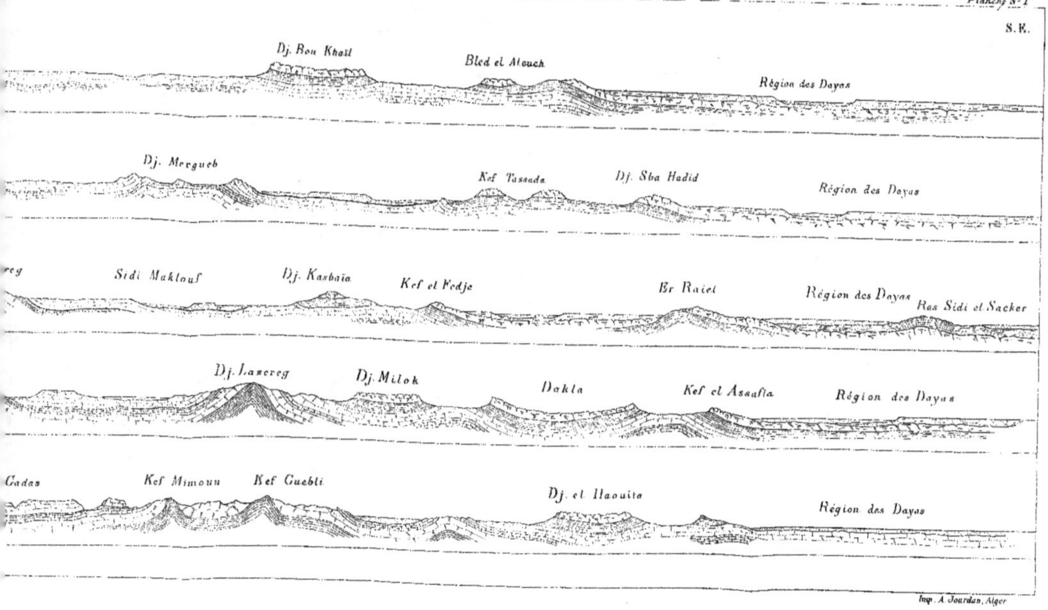
S.E.
Dj. Bou Khaïl
Bled el Aïouch
Région des Dayas
Dj. Mergueb
Kef Tassada
Dj. Sba Hadid
Région des Dayas
rey
Sidi Maklouf
Dj. Kasbaïa
Kef el Fedje
Er Raïel
Région des Dayas
Ras Sidi el Sacker
Dj. Lazereg
Dj. Milok
Dakla
Kef el Assafia
Région des Dayas
Gadas
Kef Mimoun
Kef Guebli
Dj. el Haouita
Région des Dayas
Imp. A. Jourdan, Alger

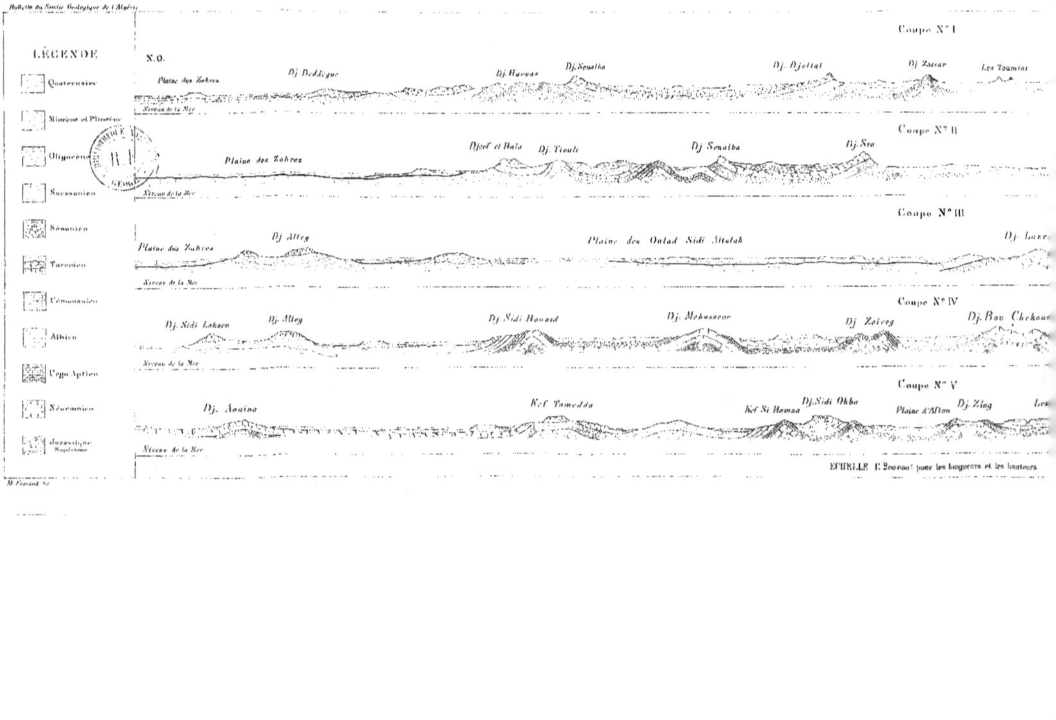

Bulletin du Service Géologique de l'Algérie

LÉGENDE

- Quaternaire
- Miocène et Pliocène
- Oligocène
- Suessonien
- Sénonien
- Turonien
- Cénomanien
- Albien
- Vrgo Aptien
- Néocomien
- Jurassique Supérieur

N.O.

Coupe N° I

Plaine des Zahrez — Dj Deddègue — Dj. Hacuas — Dj. Senalba — Dj. Djellal — Dj. Zaccar — Les Toumiat

Niveau de la Mer

Coupe N° II

Plaine des Zahrez — Djerf el Rais — Dj. Tiouli — Dj Senalba — Dj. Sra

Niveau de la Mer

Coupe N° III

Plaine des Zahrez — Dj Alleg — Plaine des Oulad Sidi Attalah — Dj. Luxe...

Niveau de la Mer

Coupe N° IV

Dj. Sidi Lahsen — Dj. Alleg — Dj. Sidi Bouzid — Dj. Mebassour — Dj. Zaieg — Dj. Bou Chekaus

Niveau de la Mer

Coupe N° V

Dj. Aouina — Kef Tamedda — Kef Si Hamza — Dj. Sidi Okba — Plaine d'Afton — Dj. Zing — Le...

Niveau de la Mer

ÉCHELLE 1: 200000 pour les longueurs et les hauteurs

M. Fèvard Sc.

Coupes à travers les Chaînes méridionales des Oulad-Nayl 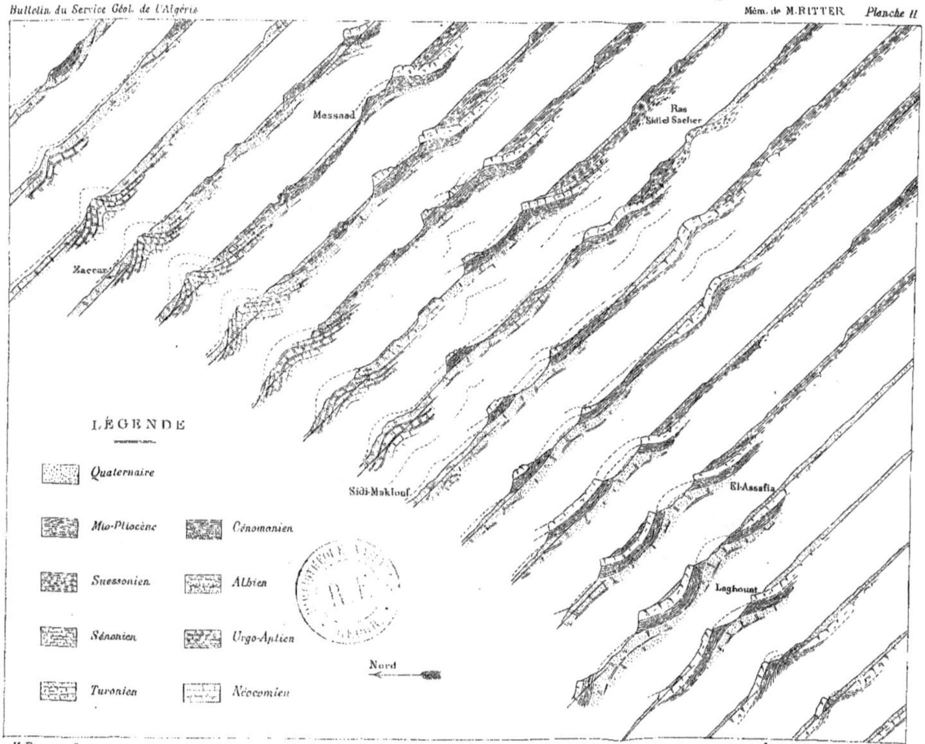
Bulletin du Service Géol. de l'Algérie
Mém. de M. RITTER
Planche II
Messaad
Ras Sidi el Sacher
Zaccar
Sidi-Maklouf
El-Assafia
Laghouat
LÉGENDE
Quaternaire
Mio-Pliocène
Cénomanien
Suessonien
Albien
Sénonien
Urgo-Aptien
Turonien
Néocomien
Nord
M. Ferrand Sc.
Echelle 1:400 000
Imp. A. Jourdan, Alger

Vue montrant les différents dépôts continentaux successifs de l'Oligocène au quaternaire récent

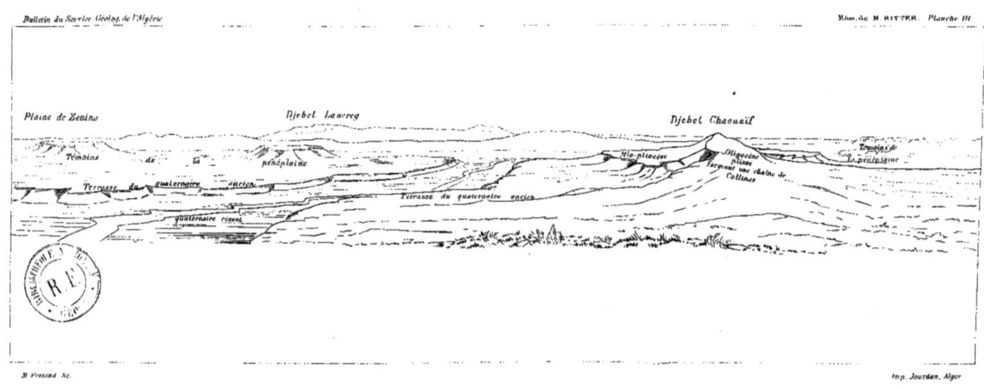

CARTE TECTONIQUE DES CHAÎNES DU SUD ALGÉRIEN à l'Echelle de 1/800 000

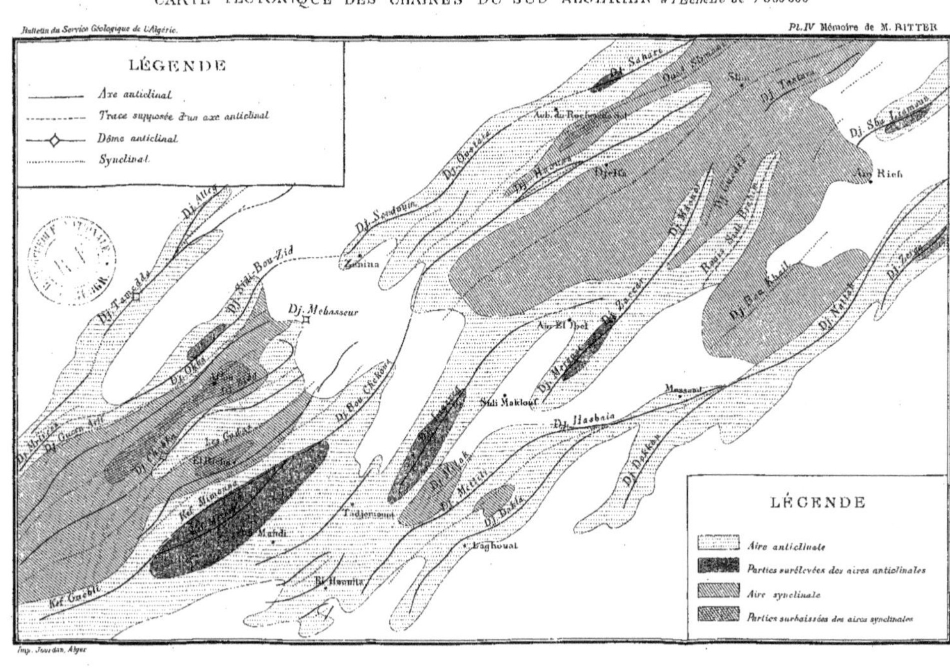